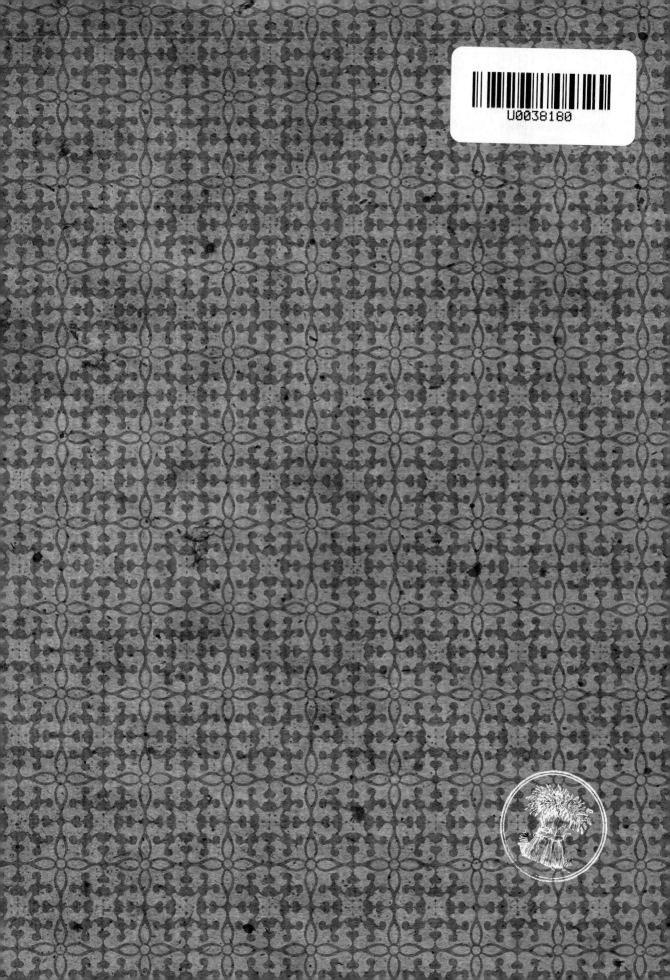

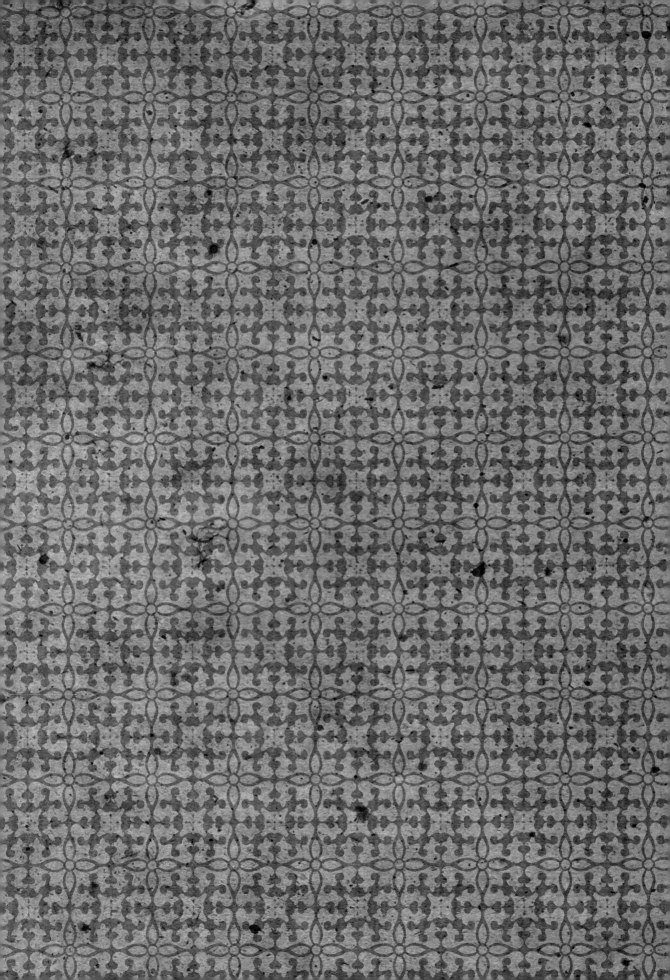

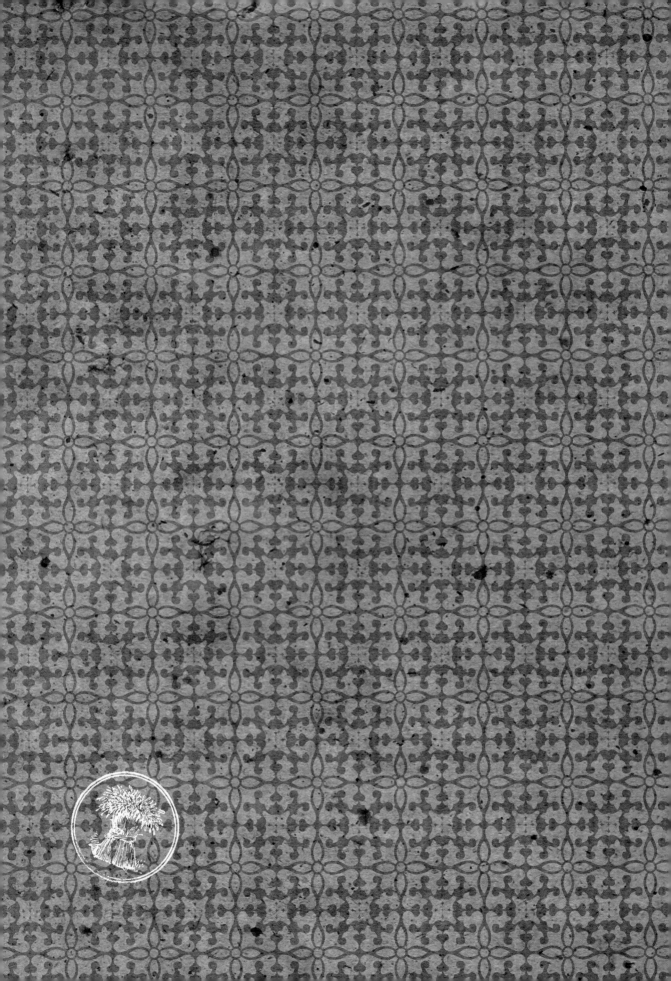

〔從養水果酵母開始〕

一次學會究極版老麵╳
法式甜點麵包30款

沒養過、沒作過，不敗輕鬆學！

CONTENTS

每當踏入麵包店，總是不自覺地拿起甜麵包，
遇見外型可愛的麵包或美味當令的食材時，更是令我動心不已。

記憶兒時，鄰近老家的商店，陳列了沾滿砂糖的圓形甜甜圈，
曾帶給喜愛甜食的我最深刻的感動……
口感鬆軟香甜的甜甜圈，
想必就是讓我無可自拔地愛上甜點麵包的小契機吧！

成立了麵包教室之後，便開始介紹各種的麵包給學員們，
但私心仍想把兒時對甜點麵包的悸動，放入自己的食譜中。

在製作麵包的日子裡，發現在「入口即溶的香甜麵包」裡，
使用自製酵母能提昇迷人風味和層次口感。
揉入奶油和砂糖的麵團，烘焙出來的香甜麵包，
更蘊含了融化舌尖的幸福感！

本書食譜收錄了我以自製酵母製作的法式甜點系麵包，
若能分享給每一位讀者，是最令人開心的事。

太田幸子

本書所使用的容器

自製酵母時，必需準備葡萄乾萃取液的玻璃瓶及酵母原種的保鮮盒。
以下介紹一般家庭都易取得的普通容器，
請務必使用與本書相似的容器，
以便於輕鬆確認發酵的狀態，
可使酵母的製作更快上手唷！

I　葡萄乾酵母液的培養瓶

請使用容量500ml可密封的耐熱玻璃瓶，
螺旋式瓶蓋的玻璃瓶是更佳選擇。

2　酵母原種的培養容器

製作酵母原種時，請使用630ml的PP材質
保鮮盒。面積較大的底部有利於發酵；透
明盒身能清楚地觀察發酵狀態，且方便收
納，容易放入冰箱冷藏。

自製酵母麵包的步驟

在製作前,有培養葡萄乾酵母液和酵母原種兩道工序,
這兩道工序約需花費七天的時間,
以下就是自製酵母麵包的完整步驟。

培養葡萄乾酵母液

裝料 完成

將葡萄乾、水放入罐中,靜置於溫暖處等待發酵。

3至4天後,葡萄乾浮起並散發出水果發酵的氣味。

培養原種

起種 2號種

將高筋麵粉、鹽放入發酵好的葡萄乾酵母液中,混合後置於溫暖處發酵。

6至8小時後,再加入高筋麵粉、鹽及水拌勻,靜置於溫暖處繼續發酵。

↓

完成

靜置4至5小時後,體積膨脹至兩倍大,並冒出許多小氣泡。

7〜10 DAYS

③

製作麵包

揉麵

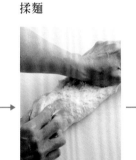

將完成的原種、麵粉、鹽及水等材料混合，途中加入奶油，揉入麵團。

一次發酵

靜置於溫暖處，使麵團發酵至原本的兩倍大。

分割

以刮板分割成2至10等分（依用量分割）後，分別將麵團滾圓。

醒麵

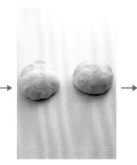

靜置醒麵（氣候乾燥時請覆蓋濕布）。

塑型

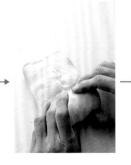

將麵團擀開再滾圓，依用途塑成需要的形狀。

最後發酵

放入模型中或置於舖了烘焙紙的烤盤上，靜置於溫暖處待其發酵。

烘烤

依麵包種類劃上刀紋或撒粉後，放入烤箱烘烤。

I # 葡萄乾酵母液的培養法

從製作葡萄乾酵母液開始，
把葡萄乾和水放入瓶中，
混合後靜置於溫暖處，
邊觀察葡萄乾的狀態和氣味，
邊輕鬆愉快地等待發酵，
等待瓶中有小氣泡冒出就完成了！

第1天

材料

有機葡萄乾*
（無油葡萄乾）
........................80g
水（過濾水）
........................240g

* 葡萄乾
含油的葡萄乾無法發酵，
務必使用無油葡萄乾。請
選擇包裝上未標示「植物
油」字樣的產品。

混合

將空玻璃瓶放上電子
秤，依序放入葡萄乾、
水。放入材料前請先將
電子秤歸零。

搖勻

蓋緊瓶蓋，上下搖晃約
10次混合，靜置於27℃
左右的溫暖處。

狀態

葡萄乾沉於瓶底，水仍
呈現透明狀，尚無明顯
變化。

＊
玻璃瓶沸水消毒法

發酵用的玻璃瓶和瓶蓋，需事先以滾水燙過消毒，避免
細菌孳生導致發霉。消毒前瓶身和瓶蓋先以清潔劑清
潔，雙手確實搓洗以水沖淨後，再進行沸水消毒。

沸水消毒的步驟…
①瓶子和瓶蓋放在乾淨的水槽裡。②往瓶中注入沸
水，使沸水向外溢出，瓶蓋亦同。③以夾子夾住瓶口
邊緣，將瓶內的水倒出（請小心不要燙傷）。④倒放
在乾淨的布上風乾。

完成重量
約240g→可培養4至5次酵母原種

第2天

由側面觀察的狀態　　由上方觀察的狀態

葡萄乾因吸水脹大成2至3倍大，已有些許葡萄乾浮
至水面，水也有了淡淡的顏色。
每天上下搖晃瓶子一次，並打開瓶蓋釋放氣體。

第3至7天　完成！

由側面觀察的狀態　　由上方觀察的狀態

一半以上的葡萄乾向上浮起，打開瓶蓋會不斷冒出
許多泡泡，並散發出水果發酵的氣味即可。再放置
一天，使之沉澱（白色沉澱物為酵母菌的集合體），
葡萄乾酵母液即培養完成。

✳

何謂溫暖處

最適合酵母發酵的溫度為27℃左右，低於20℃很難發酵，高
於30℃則容易發霉。冬天可放置於冰箱上方或暖氣機附近，
夏天則選擇濕氣低，日曬不到的涼爽處放置。不管置於何處
都要避免日光直射喔！

✳

培養酵母液的所需天數

．春天和秋天……4至5天．夏天……3天．冬天……7至10天
以上數值僅供參考，實際操作天數仍須依季節、培養環境及
葡萄乾的品質作調整。靜置於溫度較穩定之處，也是培養酵
母液的重點之一。

✳

酵母液的保存

酵母液完成後，不必瀝除葡萄乾直接放入冰箱保存。放置
於溫度較穩定的冰箱最內側，約可保存1個月。即使存放冰
箱，酵母液仍會慢慢地持續發酵，請時常打開瓶蓋釋放氣
體。

✳

萬一發霉了怎麼辦？

如果是剛長出的小霉，直接以湯匙撈除即可。有些葡萄品
質容易致霉，即使去除了發霉處，仍會繼續散發異味或腐敗
味，請使用新的葡萄乾重新製作。此外，生鏽的瓶蓋也是導
致發霉的原因之一，請更換全新無鏽的瓶蓋。

② # 酵母原種的培養法

葡萄乾酵母液完成後，接著就可以製作酵母原種。
將葡萄乾酵母液、麵粉和鹽混合後，
靜置於溫暖處等待發酵，重複兩次培養動作，
即可培養出發酵力穩定且活力充沛的原種，
馬上以自製的元氣原種來製作香甜的麵包吧！

材料

〈起種〉

高筋麵粉（日本江別製粉）	30g
鹽	1g
葡萄乾酵母液	50g

〈2號種〉

起種	全部
高筋麵粉（日本江別製粉）	80g
鹽	1g
水（過濾水）	120g

＊清潔容器的方法
以洗碗精清洗，置於水龍頭下確實沖洗
乾淨後，自然風乾即可（不需以沸水消
毒）。

＊攪拌用湯匙
選擇平口量匙，操作簡單且方便取出酵
母液或進行攪拌。

當天

起種　　　　　　　　　　　　　　　　　　　　　　　　狀態

 →  →

將容器放上電子秤，依序放入高筋麵粉、鹽和葡萄乾酵母液。放入材料前請先將電子秤歸零。

以平口量匙攪拌至略有粉狀即可。

呈黏稠狀，尚無氣泡產生，覆上瓶蓋後靜置於27℃左右的溫暖處發酵6至8小時，發酵時間會依季節或室內環境的不同而改變。

✳
原種的保存

將原種放入冰箱保存，請在2至3天內用完，剩下的原種可與新培養的原種混合後使用。到第4天後發酵力會漸漸減弱，此時用來製作披薩的麵團也很棒喔！

✳
使用原種時

從冰箱取出後即可馬上使用。剛取出時會呈現粉水分離的狀態，請先在容器中拌勻後再使用。

6至8小時後

由上方觀察的狀態　　由側面觀察的狀態　　2號種

體積約膨脹成1.5倍大，從底部不斷冒出小氣泡，表面看起來蓬鬆柔軟。

以平口量匙將起種、高筋麵粉、鹽和水拌勻，攪拌至略帶粉狀即可，蓋上瓶蓋靜置於27℃左右溫暖處發酵4至5小時。

4至5小時後　完成！

由上方觀察的狀態　　由側面觀察的狀態

體積膨脹成2倍大，表面有許多小氣孔，底部也不斷冒出很多氣泡時就表示製作完成。雖然此時的原種可以馬上使用，但放入冰箱休眠一晚後，發酵力會變得更強！

完成的份量
約280g→製作1至2次的份量

✳
不易發酵的情況

室內溫度較低或冬季時，發酵會較費時，於27℃左右需發酵6至8小時；23℃左右需發酵10至12小時，請觀察原種的狀態來調整發酵時間。若溫度太低時則無法發酵，請注意不要讓溫度低於20℃以下，當環境溫度過低時，建議使用可保持溫度的家庭用發酵器（可於網路商店購買）。

製作之前

調理盆＆烤箱

‧為了能清楚辨識麵團發酵、膨脹體積等狀態，
請準備和書上標記容量相同或相近的調理盆和容器。
‧烤箱請先預熱至書中所敘述的溫度，烘烤時間以電子烤箱的時間為基準，
瓦斯烤箱請將書中烘烤溫度降低10℃。
因烤箱機種和熱源不同會有些許時間差，
請一邊觀察麵包烘烤的狀態一邊調整。

原種＆雞蛋

‧原種如有粉水分離的情況，請攪拌後再使用。
‧本書使用M號的雞蛋，約60g／個，蛋黃約20g，將雞蛋打散後計量較為準確。

休眠時間‧發酵

‧冬天乾燥的季節，為防止麵團乾燥，請於休眠時間或最終發酵時期，
在麵團上方覆蓋濕布；
在濕氣較重的季節，為防止麵團濕度過高，
則請蓋上帆布或乾布巾。

烘焙比例

‧如材料中的麵粉總重量為100%，相對於這個份量計算出其他材料的百分比，
這樣的計量法稱為烘焙比例。
如果製作時想調整材料的份量，只要運用烘焙比例，
即可簡單算出所需準備的材料量。
烘焙比例算式如下：
麵粉總重量（g）×各種材料的烘焙比例=需準備的材料量（g）

PETIT LEÇON
...PAIN CARRÉ

PETIT LEÇON
…PAIN CARRÉ

基本款麵團
卡列麵包の製作

百吃不膩的卡列麵包，直接吃、微微熱烤或作成三明治都十分美味，在烘焙學員間也擁有超人氣。覆蓋烘烤，口感扎實，質地細緻，既輕盈又柔軟為卡列麵包特有的魅力。在製作時揉入鮮奶油、奶油和蜂蜜，更增添了入口即溶的迷人口感和香甜風味。以下介紹的是麵包的基本作法，快將製作麵團的基本功牢牢記住吧！

材料〈為1斤型·卡列麵包 1條份〉　◆（ ）：烘焙比例

【1斤型 / 2斤型】

高筋麵粉（日本江別製粉）	225g / 504g	（90%）
高筋麵粉（TYPE ER）	25g / 56g	（10%）
鹽	4g / 8g	（1.5%）
2號砂糖	5g / 11g	（2%）
蜂蜜	13g / 28g	（5%）
水	100g / 224g	（40%）
鮮奶油（乳脂肪含量36%）	13g / 28g	（5%）
原種	113g / 252g	（45%）
奶油（無鹽）	13g / 28g	（5%）
手粉（高筋麵粉）	適量	

＊大調理盆：直徑30cm不鏽鋼製的調理盆
　中調理盆：直徑21cm耐熱塑膠製的調理盆
＊模具的大小
　1斤型：（上部）長19×寬9.5×高9cm /（底）長17×寬8.5cm /（體積）1463cm³
　2斤型：（上部）長25×寬12×高12cm /（底）長24×寬11cm /（體積）3384cm³
＊模型大小和本書規格不同時，請以下列算式算出模型體積、粉的重量後，
　再以烘焙比例計算各材料所需的份量。

$$體積 = \frac{上面的面積 + 下面的面積}{2} \times 高$$

{ 準備 }

・將食用油噴霧於模型內側和模蓋內側均勻噴灑。

＊ 食用油噴霧罐
　市售噴霧式沙拉油。輕輕噴在模型內部，使完成的麵包更容易脫模，而且可以很輕易地擦除多餘的油分。

{ 揉麵 }

★揉麵機的操作時間
　1斤→13分鐘
　2斤→18分鐘

1

將大調理盆放上電子秤，依序放入高筋麵粉和鹽，測量總重量。放入材料前請先將電子秤歸零。

2

將中調理盆放上電子秤，依序放入2號砂糖、蜂蜜和水，測量總重量。

3

以小攪拌器進行攪拌，使蜂蜜與其他材料均勻混合。

14

再依序加入鮮奶油、原種，一樣以小攪拌器將結塊攪散並拌勻。

步驟4完成的原種液倒入大調理盆中。

以刮板揉合粉及水分，來回刮圓成團。

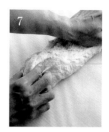

將麵團移至平台，以手掌根部由上往下揉壓延展麵團，再往裡摺起，轉個方向以同樣手法繼續進行揉麵動作。

將分割成小塊的奶油，揉入麵團。

持續揉麵，使麵團更有彈性。

麵團表面變平滑後，將表面的麵皮拉至底部，塑成圓形，再以手指緊捏底部作收口。

收口朝下放入中調理盆，覆蓋保鮮膜。

{ 一次發酵 }

27℃至28℃	5至6小時

↓

翻麵

↓

27℃至28℃	2小時

靜置於27℃至28℃處，發酵約5至6小時，當麵團膨脹至中調理盆的½高（約2倍大）時，在麵團上撒上手粉，接著進行翻面。

以刮板沿著麵團邊緣，將其刮離調理盆。

PETIT LEÇON
···PAIN CARRÉ

3
將調理盆倒蓋在平檯上，即可輕易取出麵團。

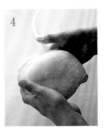

4
輕輕地將麵團塑型（翻麵），重新放入中調理盆，覆蓋保鮮膜，靜待發酵約2小時。

5
當麵團膨脹約調理盆的⅔高（約2.5倍）時，一次發酵就完成了。

6

{分割}

1
在麵團上撒上手粉。

2
以刮板沿著麵團邊緣，將其刮離調理盆。

3
將調理盆倒蓋在平檯上，即可輕易取出麵團。

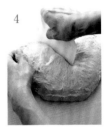

4
以刮板將麵團分成2等分（2斤型分成3等分），使1等分約在250g左右（2斤型為1等分375g左右）。

5
重新將麵團滾圓，以手指捏緊底部收口，收口朝下靜置於平檯上。

{醒麵}

★冬天使用發酵器

20℃至25℃	20至30分鐘

靜置於20℃至25℃處，醒麵20至30分鐘，在冬天乾燥時，請蓋上擰乾的濕布，防止麵團乾燥。

收口朝下放在平檯上，以擀麵棍由內向外擀出麵團發酵時產生的空氣。

麵團翻面後，再擀成約12×15cm（2斤型約14×20cm）的方形麵團。

將麵團兩端往中心摺起，手指捏緊接合處作收口。

擺成縱向，由下往上緊緊捲起。

5

6

7

捲到底部，手指捏緊接合處作收口。

收口朝下放入模型中，製作1斤型麵包時，請將麵團靠在模型兩端，讓麵團中間留有縫隙。

{ 最終發酵 }

27℃至28℃	60至70分鐘

1

2

靜置於27℃至28℃處，發酵60至70分鐘（2斤型發酵75至85分鐘），當麵團膨脹至約低於模型的高度3cm處（2斤型為約低於2.5cm至3cm）即完成最終發酵。

{ 烘焙 }

冷箱烘烤

100℃	10分鐘	→
150℃	10分鐘	→
200℃	25分鐘	

蓋上模型蓋置於烤盤上，以100℃烘烤10分鐘後，調為150℃烘烤10分鐘，最後再以200℃烘烤25分鐘（2斤型為30分鐘），完成後從模型中取出，放置於涼架上冷卻。

＊由低溫慢慢調高溫度烘烤的方法，所以烤箱不需預熱。

Atelier Le Bonheur 風の櫻花麵包

將櫻花餡、冷凍草莓及求肥揉入麵團裡，以草莓大福的方式製作麵包。
內餡的香甜，草莓的微酸，求肥的Q軟口感，
每一口洋溢著戀愛氣息的櫻花麵包，令人無限著迷。

（求肥為麻糬大福的QQ表皮）

Sakura anpan à "l'Atelier Le Bonheur"

材料〈12個份〉　　　　　◆（）：烘焙比例

高筋麵粉（日本江別製粉）　　250g（100%）

鹽　　　　　　　　　　　　　4g（1.5%）

2號砂糖　　　　　　　　　　20g（8%）

牛奶　　　　　　　　　　　120g（48%）

原種　　　　　　　　　　　113g（45%）

奶油（無鹽）　　　　　　　25g（10%）

濕潤甜豆　　　　　　　　　　　120g

櫻花餡　　　　　　　　　　　　300g

冷凍草莓　　　　　　　　　　　12個

求肥（作法參考P.55）　　120至140g

粳米粉　　　　　　　　　　　　適量

草莓粉　　　　　　　　　　　　適量

手粉（高筋麵粉）　　　　　　　適量

＊大調理盆：直徑30cm不鏽鋼製的調理盆
　中調理盆：直徑21cm耐熱塑膠製的調理盆

{準備}
・求肥（作法參考P.55）
　分成12等分（約10g至12g／個）。
・櫻花餡分成12等分後各自滾圓。

{揉麵}　＊參照P.14　★冬天使用發酵器
1　在大調理盆中放入高筋麵粉和鹽。
2　在中調理盆裡放入2號砂糖和牛奶，以迷你打蛋器混合後，加入原種拌勻，再加入奶油，揉入麵團中。

{一次發酵}　＊參照P.15

| 27℃至28℃ | 6小時 | → 翻麵 | 27℃至28℃ | 2小時 |

{分割}　＊參照P.16
1　分成12等分，每1個麵團約為43g至44g（小於45g）重。
2　將濕潤甜豆放在麵團中間，包覆後再滾圓。

{醒麵}　＊參照P.16　★冬天使用發酵器

| 20℃至25℃ | 20至30分鐘 |

{成型}
1　收口朝下靜置於平檯上。
2　以掌心按壓麵團至直徑10cm大小，外觀以外薄中厚為佳。
3　在麵團中央依序放上櫻花餡、冷凍草莓（輕壓入櫻花餡）和求肥（圖A・B）。
4　依上下左右順序拉起麵團邊緣包覆餡料（圖C），以手指捏緊接合處收口後滾圓。
5　將麵團放入調理盆中，表皮輕輕沾上新粉（圖D）。
6　麵團收口朝下放置於舖好烘焙紙的烤盤上。

{最終發酵}　＊參照P.17

| 7℃至28℃ | 60至70分鐘 |

＊當麵團膨脹變大一圈時就完成發酵了。

{烘焙}　＊預熱至220℃至230℃。

| 200℃ | 13分鐘 |

1　在麵團上撒上新粉，放入預熱好的烤箱中烘烤。
2　混合上新粉和草莓粉，以濾網大量的撒在烤好的麵包上。

A

B

C

D

＊櫻花餡
風味細膩的白豆餡中染上淡淡的櫻花色。以碎櫻花葉混合而成的櫻花餡，帶有微微的鹹味。

＊冷凍草莓
冷凍加工乾燥（凍結乾燥）的草莓，即使經過加熱依舊維持可愛的自然豔紅色，顆粒的口感也非常討喜。

＊草莓粉
冷凍草莓研磨製成的粉末，在麵團上輕撒些許草莓粉，增添粉嫩色調和酸甜風味。

究極の黒豆粉＆紅豆麵包

將玄米揉入麵團，增添一粒粒討喜的口感和嚼勁，
大方撒滿丹波黑豆粉，品嚐散發清爽豆香的紅豆麵包，是我對美味的堅持，
以其他喜歡的豆粉來製作也有別有一番風味喔！

Kinako anpan

材料〈直徑8.5cm×高3cm的圓形模10個份〉

◆（ ）：烘焙比例

高筋麵粉（日本江別製粉）	225g（90%）
全麥粉	25g（10%）
煮熟的玄米	100g（40%）
鹽	3g（1.2%）
2號砂糖	15g（6%）
水	88g（35%）
元種	113g（45%）
奶油（無鹽）	20g（8%）
紅豆泥	300g
甘露煮栗子	5個
丹波黑豆粉	大量
手粉（高筋麵粉）	各適量

＊大調理盆：直徑30cm不鏽鋼製的調理盆
　中調理盆：直徑21cm耐熱塑膠製的調理盆

{ 準備 }

・紅豆泥分成10等分後滾圓。

・甘露煮栗子對半切。

{ 揉麵 }　＊參照P.14　★使用揉麵機則設定11分鐘

1　在大調理盆中放入高筋麵粉、全麥粉、煮熟的玄米和鹽。

2　在中調理盆中放入2號砂糖和水，以小攪拌器混合後，加入原種拌勻，再加入奶油，揉入麵團中。

{ 一次發酵 }　＊參照P.15

27℃至28℃	5至6小時	→ 翻麵	27℃至28℃	2小時

{ 分割 }　＊參照P.16

分成10等分，小於60g／個。

{ 醒麵 }　＊參照P.16　★冬天使用發酵器

20℃至25℃	20分鐘

{ 成型 }

1　收口朝下放置平檯上。

2　以掌心按壓麵團至直徑10cm大小，外觀以外薄中厚為佳。（A）。

3　在麵團中央依序放上紅豆泥、甘露煮栗子（圖B）。

4　依上下左右順序拉起麵團邊緣包覆餡料（圖C・D），以手指捏緊接合處收口後滾圓（圖E）。
　　調理盆中放入黑豆粉，大量地沾附在麵團上（圖F）。

5　圓形模置於舖好烘焙紙的烤盤上，再將麵團收口向下放

6　入模型（圖G）。

{ 最終發酵 }　＊參照P.17

27℃至28℃	50分鐘

＊麵團發酵膨脹至變大一圈即可。

{ 烘焙 }　＊預熱至220℃至230℃。

200℃	20分鐘

1　以濾網將剩餘的黑豆粉均勻地撒在麵團上。

2　先將模型上方覆蓋一層烘焙紙，再放上一個烤盤當模型蓋，最後放入烤箱。

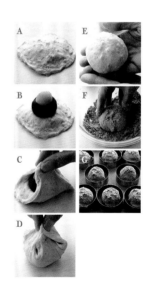

A　E
B　F
C　G
D

＊丹波黑豆粉
以兵庫縣丹波產的優質黑豆研磨製成。略帶焦香的風味是其獨特魅力，於成型和烘烤前大量撒在麵包上，使麵包的風味極佳。

樸實の豆麵包

添加少許稞麥粉的麵團中，裏入各式各樣的甜豆，
在品嚐各種豆子風味同時享受稞麥特有的酥脆嚼勁，
是一款樸實中帶著小驚喜的美味麵包！

（本書使用石磨的稞麥粉，使用一般粗磨的稞麥粉也OK！）

Petit pain aux haricots

材料〈直徑8.5cm×高3cm的圓形模10個份〉
◆（ ）：烘焙比例

高筋麵粉（日本江別製粉）	285g（95%）
石磨稞麥粉	15g（5%）
鹽	3g（1%）
2號砂糖	9g（3%）
牛奶	18g（6%）
水	96g（32%）
原種	135g（45%）
奶油（無鹽）	15g（5%）
綜合甜豆	200g
核桃	10個
手粉（高筋麵粉）	各適量

＊大調理盆：直徑30cm不鏽鋼製的調理盆
　中調理盆：直徑21cm耐熱塑膠製的調理盆

{ 準備 }
・在圓形模內側塗上一層薄薄的奶油。

{ 揉麵 }　＊參照P.14　★使用揉麵機則設定13分鐘
1　大調理盆中放入高筋麵粉、石磨稞麥粉（粗磨稞麥粉亦可）和鹽。
2　中調理盆中放入2號砂糖、牛奶和水，以小攪拌器混合後，加入原種拌勻，再加入奶油，揉入麵團中。

{ 一次發酵 }　＊參照P.15

27℃至28℃	5小時 →翻麵→
27℃至28℃	1小時半至2小時

{ 分割 }　＊參照P.16
分成10等分，小於60g／個

{ 醒麵 }　＊參照P.16　★冬天使用發酵器

27℃至28℃	20分鐘

{ 成型 }
1　收口朝下放置平檯上。
2　以擀麵棍擀成寬7cm×長20cm的大小（圖A）。
4　在表面撒上甜豆（圖B），而後由自己的方向朝外捲起（圖C）。
5　捲至底部後，以手指捏緊接合處作收口（圖D）。
6　將圓形模置於鋪好烘焙紙的烤盤上，麵團螺旋面朝上放入模型（圖F）。

{ 最終發酵 }　＊參照P.17

27℃至28℃	40分鐘

＊麵團發酵膨脹至變大一圈即可。

{ 烘焙 }　＊預熱至220℃至230℃。

200℃	15℃至16分鐘

1　在麵團的螺旋中心放上一顆核桃。
2　先將模型上方覆蓋一層烘焙紙，再放上一個烤盤當模型蓋，最後放入烤箱。

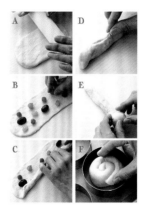

＊ 綜合甜豆
煮至鬆軟的青碗豆、白花豆、鷹嘴豆，大紅豆等四種混合的甜豆，亦可直接當作點心食用。

巧克力甜球

將黑、白兩種巧克力及覆盆子，包裹在可可風味的麵團裡，
巧克力的甜味覆盆子的酸味巧搭成絕妙好味。
讓這款法式球型甜甜圈，陪你度過愉快的午茶時光吧！

Boulet au chocolat

材料〈18個份〉　　　　　　　◆（ ）：烘焙比例

高筋麵粉（日本江別製粉）	213g（85%）
低筋麵粉（dolce）	12g（5%）
巧克力粉（VALRHONA 法芙娜）	25g（10%）
鹽	2g（1%）
2號砂糖	20g（8%）
牛奶	90g（36%）
卵	20g（8%）
原種	113g（45%）
奶油（無鹽）	38g（15%）
VALRHONA fèves Ivoire	
（法芙娜經典白巧克力）	9個
VALRHONA fèves Guanaja	
（法芙娜黑巧克力）	9個
冷凍覆盆子	18個
純糖粉	適量
手粉（高筋麵粉）	各適量
油炸用油（米油）	各適量

＊大調理盆：直徑30cm不鏽鋼製的調理盆
　中調理盆：直徑21cm耐熱塑膠製的調理盆

{ 準備 }
・白巧克力和黑巧克力，皆對半切。

{ 揉麵 }　＊參照P.14　★使用揉麵機則設定15分鐘
1　大調理盆中放入高筋麵粉和低筋麵粉、巧克力粉和鹽。
2　中調理盆中放入2號砂糖和牛奶以小攪拌器混合後，放入雞蛋和原種拌勻，再加入奶油，揉入麵團中。

{ 一次發酵 }　＊參照P.15

| 27℃至28℃ | 6小時 | → 翻麵 | 27℃至28℃ | 2小時 |

{ 分割 }　＊參照P.16
分成18等分，約30g／個。

{ 醒麵 }　＊參照P.16　★冬天使用發酵器

| 20℃至25℃ | 20℃至30分鐘 |

{ 成型 }
1　收口朝下放置平檯上。
2　以掌心按壓麵團至直徑9cm大小（圖A），外觀以外薄中厚為佳。
3　在麵團中央放入黑、白巧克力及冷凍覆盆子各一（圖B）。
4　依上下左右順序拉起麵團邊緣包覆餡料，其他邊也以同樣的方式拉起包住餡料，捏緊接合處收口（圖C），收口朝下，放在舖有帆布的烤盤上。

{ 最終發酵 }　＊參照P.17

| 27℃至28℃ | 50分鐘 |

＊麵團發酵膨脹至變大一圈即可。

{ 油炸 }
1　油溫升至170℃至180℃時，將麵團下鍋油炸，上下翻動約4分鐘就即可起鍋濾油。
2　趁熱時和純糖粉一起放入塑膠袋中，搖晃袋底使甜球均勻沾上糖粉。

＊ VALRHONA fèves Ivoire
法國VALRHONA鈕扣狀白巧克力，散發著香草香氣，具有優雅不甜膩的滑順口感（圖a）。

＊ VALRHONA fèves Guanaja
可可含量70%的黑巧克力，可以品嚐出巧克力本身的甜苦，使用此款巧克力可作出帶有大人味的魅力甜點（圖b）。

＊ 冷凍覆盆子
將新鮮的覆盆子冷凍乾燥製成，濃郁的香氣及酸味搭配巧克力，使口感香甜不膩。

麻花甜甜圈

使用自製酵母製成的甜甜圈，不會吸收過多油脂，口感較輕盈，
即使麵團不作任何調味，也帶有濃郁的香甜味，
是款讓初次品嚐的人感到驚喜的小點心。

Beignet torsadé

材料〈8個份〉　　　　　◆（ ）：烘焙比例

高筋麵粉（日本江別製粉）　　162g（65％）
低筋麵粉（dolce）　　　　　　88g（35％）
鹽　　　　　　　　　　　　　　2g（1％）
2號砂糖　　　　　　　　　　　30g（12％）
牛奶　　　　　　　　　　　　　65g（26％）
雞蛋　　　　　　　　　　　　　30g（12％）
原種　　　　　　　　　　　　113g（45％）
奶油（無鹽）　　　　　　　　　30g（12％）
純糖粉　　　　　　　　　　　　　　適量
手粉（高筋麵粉）　　　　　　　　　適量
油炸用油（米油）　　　　　　　　　適量

＊製大調理盆：直徑30cm不鏽鋼製的調理盆
　中調理盆：直徑21cm耐熱塑膠製的調理盆

{ 揉麵 }　＊參照P.14　★使用揉麵機則設定15分鐘

1　大調理盆中放入高筋麵粉、低筋麵粉和鹽。
2　中調理盆中放入2號砂糖和牛奶，以小攪拌器
　　混合後，放入雞蛋和原種混合，再加入奶油，
　　揉入麵團中。

{ 一次發酵 }　＊參照P.15

| 27℃至28℃ | 6小時 | → 翻麵 | 27℃至28℃ | 2小時 |

{ 分割 }　＊參照P.16

分成8等分，約65g／個

{ 醒麵 }　＊參照P.16　★冬天使用發酵器

| 20℃至25℃ | 20℃至30分鐘 |

{ 成型 }

1　收口朝下放置平檯上，以手壓出空氣，同時將麵團
　　壓大一圈（圖A）。
2　由內而外捲成長條，一邊捲一邊以手指按壓接合處
　　（圖B），使摺處緊合。
3　以雙手滾動麵團，塑型成兩端較細的25cm長棒狀
　　（圖C）。
4　將麵團兩端反方向扭轉兩次（圖D）。
5　再將兩端交叉捲成麻花狀（圖E），尾端緊緊捏合，
　　扭轉端朝下，麵團各自以帆布間隔開。

{ 最終發酵 }　＊參照P.17

| 27℃至28℃ | 50分鐘 |

＊麵團發酵膨脹至變大一圈即可。

{ 油炸 }

1　油溫升至170℃至180℃時，將麵團下鍋油炸，上下
　　翻動約4分鐘就即可起鍋濾油。
2　趁熱時和純糖粉一起放入塑膠袋中，搖晃袋底使
　　甜球均勻沾上糖粉。

A

B

C

D

E

＊Sucreine（純糖粉）

Sucreine為法文，為「女王的砂
糖」，意為極微粒的細砂糖，質地
細緻，甜味優雅不膩口。

＊米油

由米糠製成的健康油，富含維他
命、礦物質和抗酸化成分，適合油
炸，使甜甜圈口感輕盈。

Pain au lait

牛奶歐蕾麵包

特別選用了乳脂肪含量高，
富含濃醇奶香的娟姍牛（Jersey）鮮乳，及會飄揚甜郁香氣的楓糖漿，
可烘焙出擁有比一般的牛奶麵包，更香濃甜蜜的牛奶歐蕾麵包。

材料〈6個份〉　　　　◆（ ）：烘焙比例

高筋麵粉（日本江別製粉）　215g（86%）

高筋麵粉（TYPE ER）　15g（6%）

石磨全粒粉（日本江別製粉）　20g（8%）

鹽　　　　　　　　　　　2g（1%）

楓糖漿　　　　　　　　　25g（10%）

娟姍牛乳　　　　　　　　110g（44%）

原種　　　　　　　　　　113g（45%）

奶油（無鹽）　　　　　　15g（6%）

粳米粉　　　　　　　　　適量

手粉（高筋麵粉）　　　　適量

＊大調理盆：直徑30cm不鏽鋼製的調理盆

　中調理盆：直徑21cm耐熱塑膠製的調理盆

{ 揉麵 }　＊參照P.14　★使用揉麵機則設定13分鐘

1　大調理盆中放入高筋麵粉、全粒粉和鹽。

2　中調理盆中放入楓糖漿和牛奶，以小攪拌器混
　　合後，加入原種拌勻。

3　再加入奶油，揉入麵團中。

{ 一次發酵 }　＊參照P.15

| 27℃至28℃ | 5至6小時 | →翻麵→ |

| 27℃至28℃ | 1小時半至2小時 |

{ 分割 }　＊參照P.16

分成6等分，讓1個麵團維持85g左右。

{ 醒麵 }　＊參照P.16　★冬天使用發酵器

| 20℃至25℃ | 20分鐘 |

{ 成型 }

1　收口朝下放置平檯上，以手壓出空氣，同時將麵團壓大一圈（圖A）。

2　由內而外捲起至底後，以手指捏緊接合處作收口。

3　雙手滾動麵團，塑型成20cm長條狀麵團（圖C）。

4　把麵團轉成縱向，以擀麵棍依序由中心往上→中心往下→由下往上→由上
　　往下滾動4次，延展成寬6cm×長25cm大小的麵團（圖D）。

5　以刮板在麵團中間壓出中心線，兩端往中心線緊緊捲起，停在距離中心線
　　1cm處（圖E・F）。

6　將捲起面朝下，放在鋪好烘焙紙的烤盤上（圖G）。

{ 最終發酵 }　＊參照P.17

| 27℃至28℃ | 50分鐘 |

＊麵團發酵膨脹至變大一圈即可。

{ 烘焙 }　＊預熱至220℃。

| 190℃至200℃ | 9至10分鐘 |

1　在麵團表面撒粳米粉，以割紋刀斜割出5mm深的紋路（圖H）。

2　放入已預熱的烤箱烘烤，取出後置於涼架上冷卻。

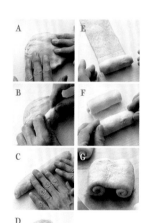

葡萄維也納麵包

麵團內加入低筋麵粉，可烘烤出香脆內軟的麵包，
以蘭姆酒漬葡萄乾奶油醬的作為維也納麵包的濃郁夾心，
添加些許火腿或義式臘腸，當作餐點麵包也很適合！

Pain viennois à la crème au lait condensé avec des raisins secs

材料〈6個份〉（長24cm圓底丹麥棒模型7個）

◆（ ）：烘焙比例

高筋麵粉（日本江別製粉）	225g	（90%）
低筋麵粉（dolce）	25g	（10%）
鹽	2g	（1%）
2號砂糖	25g	（10%）
牛奶	50g	（20%）
雞蛋	38g	（15%）
原種	113g	（45%）
奶油（無鹽）	50g	（20%）
奶油醬（參照P.55）	全量	（約200g）
蛋液	適量	
手粉（高筋麵粉）	適量	

＊大調理盆：直徑30cm不鏽鋼製的調理盆
　中調理盆：直徑21cm耐熱塑膠製的調理盆

{準備}

・製作奶油醬（參照P.55）。

・把食用油噴霧噴於模型內側，並擦拭掉多餘的油分。

{揉麵} ＊參照P.14　★使用揉麵機則設定15分鐘

1 大調理盆中放入高筋麵粉、低筋麵粉和鹽。

2 中調理盆中放入2號砂糖和牛奶，以小攪拌器混合後，放入雞蛋和原種混合，再加入奶油，揉入麵團中。

{一次發酵} ＊參照P.15

27℃至28℃	6至6小時半	→翻麵→

27℃至28℃	2小時	→放入冰箱冷藏休眠

＊為防止麵團乾燥，在表面覆上保鮮膜後，放入冰箱冷藏。

{分割} ＊參照P.16

分成7等分，約75g／個。

{醒麵} ＊參照P.16

20℃	20至30分鐘

＊在室溫較低處醒麵。

{成型}

1 收口朝下放置平檯上，以手壓出空氣，同時將麵團壓大一圈（圖A）。

2 由外而內捲起成棒狀，一邊捲一邊以手指按壓接合處（圖B），使摺處緊合。

3 以雙手滾動麵團，塑型成長24cm的棒狀（圖C）。

4 收口朝下放入模型中，以剪刀剪出斜紋，斜紋之間間隔約5mm（圖D）。

{最終發酵} ＊參照P.17

27℃至28℃	60分鐘

＊麵團發酵膨脹至變大一圈即可。

{烘焙} ＊預熱至220℃至230℃。

200℃	14至15分鐘

1 以烘焙用毛刷在麵團表面刷上蛋液，放入預熱好的烤箱中烘烤。

2 待麵包稍涼時，即可割開麵包，將預備好的奶油醬填入麵包中，也可使用擠花袋。

A

B

C

D

＊ 可爾必思奶油（無鹽）

奶油醬使用的是可爾必思奶油，可以作出清爽優雅口感的奶油醬。

＊ 蘭姆酒漬葡萄乾

將無油葡萄乾放入蘭姆酒裡浸漬一個星期以上，即可完成香氣濃郁的蘭姆酒漬葡萄乾。

Focaccia aux cerises noires

黑櫻桃の甜點佛卡夏

佛卡夏麵包通常以薄片的類型較多，
此款變化版佛卡夏則為甜點厚片烤法，口感較為濕潤綿密。
剛出爐時水果內餡如熔岩般緩慢溢出，馬上品嚐這令人讚嘆的美味吧！

材料〈18cm的四角形模型1個份〉

◆（　）：烘焙比例

高筋麵粉（日本江別製粉）	210g（75％）
高筋麵粉（TYPE ER）	70g（25％）
鹽	4g（1.5％）
2號砂糖	8g（3％）
牛奶	84g（30％）
水	42g（15％）
橄欖油	28g（10％）
原種	126g（45％）
土耳其葡萄乾（黑森林櫻桃酒漬）	28g（10％）
小紅莓乾	28g（10％）
冷凍黑櫻桃（整顆使用）	12個
奶油乳酪	36g
橄欖油（出爐時使用）	適量
糖粉	適量
手粉（高筋麵粉）	適量

＊大調理盆：直徑30cm不鏽鋼製的調理盆
　中調理盆：直徑21cm耐熱塑膠製的調理盆

{ 準備 }

· 在模型舖上約比模型高度多出2公分大小的烘焙紙。

{ 揉麵 } ＊參照P.14

★使用揉麵機則設定10分鐘

1 大調理盆中放入高筋麵粉和鹽。

2 中調理盆中放入2號砂糖、牛奶、水和橄欖油，以小攪拌器混合後，加入原種拌勻，再揉入麵團中，揉麵至尚有些許顆粒感即可。

3 麵團滾圓後置於平檯上，以掌心按壓成手掌大小的圓型，將半量的土耳其葡萄乾和小紅莓乾放上麵團上半圓，以手指輕壓。

以刮板從麵團中間對半切開，切下的麵團重疊在有水果乾的半圓上。

半圓形麵團的半邊放上剩下的水果乾，再以刮板將半圓切成四分之一圓，切下的麵團重疊在有水果乾的麵團上，完成相疊的四層麵團。

放上最後剩餘的水果乾後，捏起麵團兩端。

拉起第三端完整包覆餡料。

以刮板翻面後滾圓。

將底部的麵皮拉至中心，以手指捏緊底部作收口，收口向下放入中調理盆中，覆蓋保鮮膜。

{ 一次發酵 } ＊參照P.15

| 27℃至28℃ | 5至6小時 |

↓

翻麵

↓

| 27℃至28℃ | 1小時半至2小時 |

{ 分割 } ＊參照P.16

將麵團取出，滾圓不分割，再放入中調理盆裡。

{ 醒麵 } ＊參照P.16

★冬天使用發酵器

| 20℃至25℃ | 30分鐘 |

{成型}

1 撒上手粉把收口朝上，再次以手指捏緊收口。

2 將收口朝下放置於平檯上，以擀麵棍成邊長約20cm的四角形。

3 拿出模型裡的烘焙紙攤平置於平檯上，對齊摺線放上麵團。

4

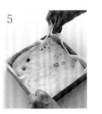

5

將麵團延著烘焙紙的四角摺線，塑型成18cm的四角形，最後連同烘焙紙，放入模型中。

{最終發酵} ＊參照P.17

| 27至28℃ | 60分鐘 |

6 將模型置於烤盤上，輕壓麵團使麵團厚薄一致。

{烘焙}

＊預熱至220℃至230℃。

| 200℃ | 20至22分鐘 |

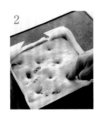

1 在麵團表面刷上橄欖油。

2 以手指戳出6列不平行的洞。

3 在洞裡放入3g奶油乳酪後，撒上半小匙的糖粉，放上1個黑櫻桃，再撒上一層薄薄的糖粉，最後放入預熱好的烤箱烘烤，出爐後從模型取出，置於涼架上冷卻。

＊ 土耳其葡萄乾

土耳其葡萄乾的日曬時間較短，比一般的葡萄乾較為淺色，且更柔軟。

＊ 乾燥小紅莓乾

水分較少，因此味道較為濃厚，很適合混在麵團中一起烘烤，其鮮紅的顏色讓麵包看起來更可口好吃。

＊ 冷凍黑櫻桃

適合烘焙的冷凍黑櫻桃，可於網路食材商店購入，1袋約340g是容易與麵團搭配操作的份量。

咖啡方塊

將巧克力和胡桃揉入咖啡風味的麵團中，
不論是內餡或是配料都加上堅果的香脆口感，
外觀看起來小巧可愛，口味很適合大人。

Café cube

材料〈6㎝的方塊模型7個份〉
◆（　）：烘焙比例

高筋麵粉（日本江別製粉）	187g（75%）	VALRHONA fèves Guanaja（黑巧克力）	13g（5%）
低筋麵粉（dolce）	63g（25%）	VALRHONA fèves Ivoire（白巧克力）	13g（5%）
鹽	2g（1%）	A 巧克力胡桃	7個
肉桂粉	1g（0.4%）	焦糖胡桃	7個
2號砂糖	25g（10%）	B 杏仁粒	3至4大匙
牛奶·水	各38g（15%）	VALRHONA Grue de Cacao（可可碎粒）	3至4大匙
即溶咖啡	6g（2.5%）	蛋液	適量
雞蛋	25g（10%）	手粉（高筋麵粉）	適量
原種	113g（45%）		
奶油（無鹽）	38g（15%）		
胡桃	50g（20%）		

＊大調理盆：直徑30㎝不鏽鋼製的調理盆
　中調理盆：直徑21㎝耐熱塑膠製的調理盆

{ 準備 }

·胡桃以150℃的烤箱烤10分鐘
·小調理盆中放入牛奶、水和即溶咖啡，
　混合攪拌均勻，使其溶解。
·黑巧克力和白巧克力切碎粒。
·加入B的杏仁粒和可可碎粒。
·模型和蓋子的內側噴上噴霧式食用油。

{ 揉麵 } ＊參照P.14　★使用揉麵機則設定12分鐘

1 大調理盆中放入高筋麵粉、低筋麵粉、鹽和肉桂粉。
2 中調理盆中放入2號砂糖及混合咖啡液以小攪拌器攪拌
　後，加入雞蛋和原種拌勻，再加入奶油，揉入麵團中。
3 請參考P.34{揉麵}步驟3至步驟12，加入準備好的兩種
　巧克力和胡桃。

{ 一次發酵 } ＊參照P.15

27℃至28℃	5小時30分鐘至6小時	→翻麵→

27℃至28℃	2小時至2小時30分鐘

{ 分割 } ＊參照P.16

分成7等分，約85g／個。

{ 醒麵 } ＊參照P.16　★冬天使用發酵器

20℃至25℃	20至30分鐘

{ 成型 }

1 將混合好的B材料放入模型底部並以湯匙鋪平鋪滿（圖
　A）。
2 收口朝下放置平檯上，以掌心按壓麵團至直徑10㎝大
　小，外觀以外薄中厚為佳。
3 麵團中央放上1個A材料（圖B）以上下左右順序拉起麵
　團邊緣包覆餡料（圖C·D）捏緊接合處收口。
4 收口處均勻沾上蛋液（圖E），藉由蛋液黏合材料，收
　口朝下放入模型中（圖F）。
5 撒上手粉後，手指輕壓麵團塑型（圖G），放到烤盤
　上。

{ 最終發酵 } ＊參照P.17

27℃至28℃	60分鐘

{ 烘焙 } ＊預熱至220℃至230℃

200℃至210℃	20分鐘

蓋上模型蓋後，放入預熱好的
烤箱中烘烤，出爐後從模型取
出，靜置涼架上冷卻。

＊ VALRHONA Grue de Cacao
（可可碎粒）

可可豆經過長時間低溫烘焙，去除
外皮和胚芽打碎後製成。酥脆的口
感和清甜風味，嚐起來爽口不膩。

＊ 巧克力胡桃

以糖水浸煮後油炸，再依序裹上巧
克力和可可粉的胡桃，十足香甜酥
脆（圖a）。

＊ 焦糖胡桃

以焦糖巧克力包裹的胡桃，和巧克
力胡桃一樣，可烘焙用也可直接當
點心食用（圖b）。

栗子吐司麵包

切開麵包時，任何地方都可看到女生們最喜歡的甜栗子，
雖然要花些許時間作栗子夾層片，
但美觀又可口的成品拿來送人，一定能帶給對方驚喜！

Marron marron

應用Lesson II：大理石紋麵團的製作法

材料〈1斤型吐司1條〉

◆（　）：烘焙比例

高筋麵粉（日本江別製粉）	250g	（100%）
鹽	3g	（1.2%）
2號砂糖	30g	（12%）
牛奶	50g	（20%）
水	20g	（8%）
雞蛋	30g	（12%）
原種	113g	（45%）
奶油（無鹽）	30g	（12%）
栗子餡（參照P.55）	全量	（約160g）
香草子		½根
甜栗子（市售涉皮煮栗子）		5至6顆
杏仁片		12g
手粉（高筋麵粉）		適量

＊大調理盆：直徑30cm不鏽鋼製的調理盆
　中調理盆：直徑21cm耐熱塑膠製的調理盆

{ 準備 }

・栗子餡請參照P.55製作，放在冰箱裡一個晚上更入味。（前一天準備為佳）

・從香草子豆莢中刮出種子，將種子和豆莢一起放入牛奶浸泡1個小時後，將豆莢取出。

・將模型和蓋子的內側噴上噴霧式食用油。

{ 揉麵 } ＊參照P.14　★使用揉麵機則設定13分鐘

1 大調理盆中放入高筋麵粉和鹽。

2 中調理盆中放入2號砂糖和調和過的牛奶以小攪拌器混合後，放入雞蛋和原種拌勻，再加入奶油，揉入麵團中。

{ 一次發酵 } ＊參照P.15

27℃至28℃	6小時30分鐘至7小時	→翻麵→

27℃至28℃	2小時至2小時30分鐘

→
接續P.40

→

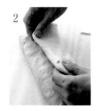

1　2　3　4　5

一次發酵後,將麵團放置於平檯上,以手掌由內向外輕壓,壓出麵團裡面空氣。由左向右摺⅓,右邊也相同摺法,將麵團摺成三摺。

接著從外向內摺⅓,也由內向外摺⅓,摺成三摺。

將收口朝下放在盤子上,覆蓋濕布放入冰箱冷藏。

{成型}
＊製作栗子夾層片

→

1　2　3　4

將30cmx40cm的保鮮膜放上準備好的栗子餡,上下左右依序包起成正方形。

隔著保鮮膜以擀麵棍擀成長15cm的正方形後,放入冰箱冷藏一晚。正確的尺寸是很重要的,製作時請以尺測量。

{成型}
＊以麵團包裹栗子夾層片

→

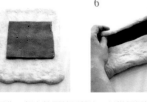

5　6　7　8　9

麵團收口朝上放置於平檯上,以擀麵棍擀成長30cmx寬20cm的大小,再把冰過的栗子夾層片放在麵團中央,拉起麵團兩端往中心線摺起,以手指捏緊接合處。

捏緊麵團兩端作收口,完整包覆住栗子夾層片。

將麵團轉90℃成縱向。

以擀麵棍擀成長54cmx寬18cm的大小。

{ 成型 }
＊接續上一頁

→

10

11

12

13

從外向內摺⅓，再由內向外摺⅓，將麵團摺成三摺後，覆蓋濕布，讓麵團休眠約10分鐘。

將摺起來的缺口部分朝向自己，再以擀麵棍擀成長24至26cm x寬30cm的大小。

撒上手粉，由反方向朝向自己對摺一半。

14

15

→

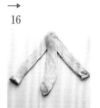
16

17

→

18

以尺測量5cm的間隔（6等分），以刮板作記號後切割，打開對摺的部分，成為6條5cm寬的長條片狀麵團。

取三條如圖排列（中間的長條麵團交疊在最上方），進行三股編。

剩餘的三條以相同方法進行三股編後，抓住兩端捏緊。

19

20

21

在模型中放入一條三股編麵團。

在麵團上放入一排的甜栗子後，另一條三股編麵團再反方向交疊上去。

最後以手指在模型中將麵團周圍塑型。

{ 最終發酵 } ＊參照P.17

| 28℃ | 90至120分鐘 |

{ 烘焙 }

冷箱烘烤

| 100℃ | 10分鐘 | → | → | 130℃ | 5分鐘 | → | 160℃ | 5分鐘 | → |
| 190℃ | 5分鐘 | → | 200℃ | 25分鐘 |

＊由低溫慢慢調高溫度烘烤的方法，所以烤箱不需預熱。

1　在麵團表面撒上杏仁片，蓋上模型蓋放入烤箱烘烤。

2　從模型取出後，靜置於涼架冷卻。

＊ 栗子泥

栗子餡使用的是法國Imbert栗子泥，擁有濃郁的栗子風味，和白豆餡是兩種絕配餡料。

Bâton aux orangettes

柳橙吐司麵包

在麵團中添加了100%柳橙汁，烤出帶有柳橙的濃醇香氣，
表皮酥脆的清爽風味麵包，加入甜巧克力一起品嚐，
更是絕妙好滋味！

材料〈長25cm×寬6cm×高6cm的迷你吐司模型2個〉
◆（ ）：烘焙比例

高筋麵粉（日本江別製粉）…………350g（100%）
鹽……………………………………………4g（1.2%）
2號砂糖………………………………………28g（8%）
柳橙果汁（100%天然果汁 純品康納）
……………………………………………158g（45%）
雞蛋…………………………………………18g（5%）
原種…………………………………………158g（45%）
奶油（無鹽）………………………………28g（8%）
糖漬柳橙皮…………………………………105g（30%）
VALRHONA Baton Chcolate（巧克力棒）
……………………………………………35g（10%）
手粉（高筋麵粉）…………………………適量

＊大調理盆：直徑30cm不鏽鋼製的調理盆
　中調理盆：直徑21cm耐熱塑膠製的調理盆

{ 準備 }
‧糖漬柳橙皮水洗後擦乾，切成3mm至5mm寬的小丁。
‧巧克力棒摺成1cm長的小塊。
‧將模型和蓋子的內側噴上噴霧式食用油。

{ 揉麵 } ＊參照P.14
★使用揉麵機則設定13分鐘→加入柳橙皮和巧克力棒後再揉5分鐘

1 大調理盆中放入高筋麵粉和鹽。
2 中調理盆中放入2號砂糖和柳橙果汁，以小攪拌器混合後，再加入雞蛋和原種拌勻。
3 再加入奶油，揉入麵團中。揉麵快完成（約80%）時，將準備好的糖漬柳橙皮和巧克力棒加入再接續揉麵動作。

{ 一次發酵 } ＊參照P.15

27℃至28℃	6小時	→翻麵	27℃至28℃	2小時

{ 分割 } ＊參照P.16
分成2等分，讓1條大約為440g左右。

{ 醒麵 } ＊參照P.16 ★冬天使用發酵器

20℃至25℃	20分鐘至30分鐘

{ 成型 }
1 收口處朝上的靜置於平檯上，以擀麵棍擀成長14cm寬26cm至27cm的大小（圖A）。
2 橫向放置在平檯上，由內往外捲起（圖B）。
3 捲到底部後以手指捏緊作收口（圖C）。
4 收口朝下放入模型中（圖D），手指輕壓至麵團填滿模型，麵團會比模型稍大，所以以這種方式塑型。
5 以手指的第1和第2關節，將二端較厚的麵團推向中間，讓厚度平均（E‧F）。

{ 最終發酵 } ＊參照P.17

27℃至28℃	60至70分鐘

{ 烘焙 } ＊預熱至220℃至230℃。

200℃	25分鐘（2個份）

蓋上模型蓋進烤箱烘烤，從模型取出後，靜置於涼架上冷卻。

A

B

C

D

E

F

＊糖漬柳橙皮
將柳橙的皮切成條狀，以糖蜜煮過再乾燥的製品，為了去除黏性，以水洗過，再切成3至5mm來使用。

＊VALRHONA Baton Chcolate
可可含量55%的細長形棒狀微甜巧克力，苦味和甜味調和得極致完美。

Bâton au citron

檸檬吐司麵包

好吃的關鍵在於天然的檸檬果汁和檸檬糖霜，再塗抹酸奶油和奶油乳酪作成的起士奶油醬，
檸檬微酸和濃醇奶香的絕妙組合，烘焙出起士蛋糕般的香濃口感。

材料〈高6cm的迷你棒型吐司模型2個份〉

◆（　）：烘焙比例

高筋麵粉（日本江別製粉）………350g	(100%)
鹽 ……………………………………3g	(1%)
蜂蜜 ………………………………35g	(10%)
檸檬果汁（100%）………………53g	(15%)
牛奶 ………………………………53g	(15%)
水 …………………………………18g	(5%)
雞蛋 ………………………………35g	(10%)
原種 ……………………………158g	(45%)
奶油（無鹽）……………………53g	(15%)
檸檬皮 ……………………………35g	(10%)

起士奶油醬（參照P.55）

全量（140g）

蘭姆酒漬土耳其葡萄乾	50g
糖粉	適量
檸檬汁	適量
開心果	適量
手粉（高筋麵粉）	適量

＊大調理盆：直徑30cm不鏽鋼製的調理盆
　中調理盆：直徑21cm耐熱塑膠製的調理盆

＊榨檸檬果汁是使用ブルコ檸檬，新鮮天然，
　風味更佳（ブルコ為日本食材店名）

{ 準備 }

・起士奶油醬製作方法參照P.55，
　出，請置於室溫回溫後使用。
・檸檬皮水洗後擦乾，切成3mm至5mm寬的小塊。
・在模型和蓋子的內側噴上噴霧式食用油，在底
　部鋪上比模型長的烘焙紙。

{ 揉麵 } ＊參照P.14

★使用揉麵機則設定13分鐘→加入糖漬檸檬皮後再揉5分鐘

1 大調理盆中放入高筋麵粉和鹽。

2 中調理盆中放入蜂蜜、檸檬果汁、牛奶和水，
　以小攪拌器攪拌至蜂蜜溶解後，放入雞蛋和原
　種混合。

3 加入奶油，揉入麵團中。揉麵快完成（約
　80%）時，將準備好的糖漬檸檬皮加入加入後
　接續揉麵動作。

{ 一次發酵 } ＊參照P.15

27℃至28℃	5小時30分鐘至6小時	→翻麵→
27℃至28℃	1小時30分鐘至2小時	

{ 分割 } ＊參照P.16

分成2等分，約為390g／條。

{ 醒麵 } ＊參照P.16　❄冬天使用發酵器

20℃至25℃	20至30分鐘

{ 成型 }

1 麵團收口朝上靜置於平檯上，以擀麵棍擀成長
　18cm x寬27cm，擀麵過程中央的麵團容易過厚，
　盡量使麵團厚薄均勻（圖A）。

2 塗上準備好的起士奶油醬。自己反方向那端留
　下1cm的邊，奶油刀較易塗抹（圖B）。

3 撒上蘭姆酒漬土耳其葡萄乾，由內朝外捲起
　（圖C）。

4 收口朝下，以刮板切成6等分（圖D）。

5 將切口面朝上放入模型中，尾端不要靠著模型
　邊上（圖E）。

＊塑型時撒上手粉以避免麵團沾黏模型。

A

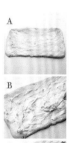

B

C

D

E

{ 最終發酵 } ＊參照P.17

27℃至28℃	60至70分鐘

{ 烘焙 } ＊預熱至220℃至230℃

210℃	20分鐘（2個份）

1 不蓋模型蓋，直接放入預熱好
　的烤箱烘烤，出爐後從模型取
　出靜置於涼架上冷卻。

2 製作檸檬糖霜。在小的調理盆
　中放入糖粉，一點點地加入檸
　檬汁，每次加入請確實混合均
　勻，依濃稠度添加檸檬汁，作
　成稍微濃稠能夠淋在麵包上的
　程度。

3 麵包放涼後，以湯匙淋上檸檬
　糖霜，再撒上碎開心果，靜置
　至糖霜凝固。

＊檸檬糖霜若加入過多的水份，即使再多
　加糖粉也不會變回原來的濃稠度。

肉桂葡萄吐司麵包

肉桂的香氣和葡萄乾甜味是烘焙麵包的黃金組合，
撒上較粗的砂糖進爐烤，上面的糖粒如寶石般閃耀，讓人食指大動！
為了方便以手撕開食用，塑型成12等分的棒狀麵包。

Bâton à la cannelle et aux raisins

材料〈高6cm的迷你棒型吐司模型2個〉

◆（　）：烘焙比例

高筋麵粉（日本江別製粉）	400g	（100%）
肉桂粉（有機）	6g	（1.5%）
鹽	5g	（1.3%）
2號砂糖	48g	（12%）
牛奶	140g	（35%）
雞蛋	40g	（10%）
原種	180g	（45%）
奶油（無鹽）	68g	（17%）
蘭姆酒漬葡萄乾	160g	（40%）
水晶砂糖	適量	
手粉（高筋麵粉）	適量	
蛋液	適量	

＊大調理盆：直徑30cm不鏽鋼製的調理盆
　中調理盆：直徑21cm耐熱塑膠製的調理盆

{ 準備 }

・在模型的內側噴上噴霧式食用油。

{ 揉麵 }　＊參照P.14　★使用揉麵機則設定16分鐘

1　大調理盆中放入高筋麵粉、肉桂粉和鹽。

2　中調理盆中放入2號砂糖和牛奶，以小攪拌器攪拌至蜂蜜溶解後，放入雞蛋和原種混合，再加入奶油，揉入麵團中。

3　蘭姆酒漬葡萄乾請按照P.34的{ 揉麵 }步驟3至12，收口朝下放入直徑24cm的料理盆中，覆蓋保鮮膜等待發酵。

＊一次發酵時，需準備比麵團體積大上3倍的調理盆，此處建議使用直徑24cm（容量2.6公升）的調理盆。

{ 一次發酵 }　＊參照P.15

27℃至28℃	6小時	→ 翻麵	27℃至28℃	2小時

{ 分割 }　＊參照P.16

分成12等分，約85g／個。

{ 醒麵 }　＊參照P.16　★冬天使用發酵器

20℃至25℃	20至30分鐘

{ 成型 }

1　將表面的麵皮拉至底部，塑成圓形（圖A）。

2　以手指捏緊作收口，此時收口應為一字形（圖B　麵團為橢圓形）

3　收口朝下放入模型中，在最左邊放入一個之後，間隔一個麵團大小再放入第二個，在中間放入第三個麵團（圖C）。

4　將模型轉180℃改變方向，把剩餘的3個麵團也以同樣順序放入（圖D），即可避免被擠壓，可平均地放入模型中（圖E）。

{ 最終發酵 }　＊參照P.17

27℃至28℃	90分鐘

{ 烘焙 }　＊預熱至220℃至230℃。

200℃	25分鐘	（2個份）

1　以烘焙用毛刷在麵團表面刷上蛋液，再撒上大量的水晶砂糖（圖F）。

2　蓋上模型蓋進烤箱烘烤，從模型取出後，靜置於涼架上冷卻。

A

B

C

D

E

＊ 水晶砂糖

一顆顆閃閃發光像寶石一樣的水晶砂糖，比一般砂糖粒大，可以品嘗出脆脆的口感。

抹茶紅豆吐司麵包

不使用烘焙用抹茶，而是使用一般飲用抹茶是此款麵包的製作重點。
將抹茶混合杏仁醬包裹在麵團中，不會直接接觸到烤箱的熱氣，
能使抹茶保持鮮明可口的綠色。

Bâton à la crème d'amande et au thé vert

材料〈高6cm的迷你棒型吐司模型2個份〉

◆（　）：烘焙比例

高筋麵粉（日本江別製粉）	280g（100％）
鹽	3g（1％）
2號砂糖	28g（10％）
牛奶	70g（25％）
雞蛋	42g（15％）
原種	126g（45％）
奶油（無鹽）	56g（20％）
抹茶杏仁醬（參照P.55）	100g
蜜紅豆（大納言紅豆）	100g
甘露煮栗子	100g
手粉（高筋麵粉）	適量

＊大調理盆：直徑30cm不鏽鋼製的調理盆
　中調理盆：直徑21cm耐熱塑膠製的調理盆

{ 準備 }

・抹茶杏仁醬製作方法參照P.55，製作完成後取
　100g備用。

・甘露煮栗子各切成8等分。

・在模型和蓋子的內側噴上噴霧式食用油。

{ 揉麵 } ＊參照P.14　★使用揉麵機則設定

1　大調理盆中放入高筋麵粉和鹽。

2　中調理盆中放入2號砂糖和牛奶，以小攪拌器
　混合後，放入雞蛋和原種拌勻，再加入奶油，揉
　入麵團中。

{ 一次發酵 } ＊參照P.15

27℃至28℃	6小時至7小時

↓
翻麵
↓

27℃至28℃	2小時

{ 分割 } ＊參照P.16

分成4等分，讓每個麵團約為150g左右。

{ 醒麵 } ＊參照P.16　★冬天使用發酵器

20℃至25℃	20分鐘

{ 成型 } ＊同時操作2個麵團。

1　收口朝上放置於平檯上，以擀麵棍擀成寬10cm
　長35cm至38cm的橢圓，使麵團厚度平均，寬不
　超過10cm（圖A）。

2　將準備好的抹茶杏仁醬分成¼的量，以奶油刀
　分別塗在麵團的中心（圖B），在上面撒上總
　量¼的蜜紅豆和甘露煮栗子。

3　將麵團的左右兩端向中心摺起，以手指捏緊接
　合處（圖C）。

4　將兩個麵團收口朝上交叉放置（圖D）。

5　從中間往上的上半部交叉扭轉（圖E），將兩
　個麵團的尾端接合後，下半部也以同樣作法交
　叉扭轉，最後再將尾端接合（圖F）。

6　收口朝下放入模型中（圖G）。請由中央開始
　放入，以手指將兩端壓入模型。

7　以手輕輕按壓麵團上方，將剩餘的麵團以同樣
　作法放入模型後（圖I），蓋上模型蓋。

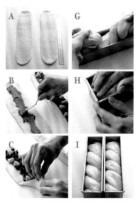

{ 最終發酵 } ＊參照P.17

27℃至28℃	80至90分鐘

{ 烘焙 } ＊預熱至220℃至230℃

200℃	24至25分鐘 （2個份）

連同模型蓋放入烤箱烘烤，從模
型取出後，靜置於涼架上冷卻。

柳橙布里歐修

以布里歐修模型和烘焙用木模兩種模型來烘烤，
在麵團裡揉入了糖漬柳橙皮、發酵奶油、雞蛋和牛奶，
是一款口感清爽的甜味麵包。

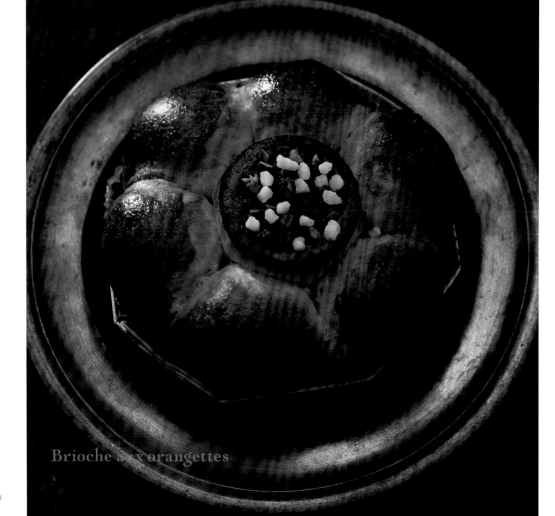

Brioche aux orangettes

材料〈直徑 14cm×高4.5cm烘焙用八角木模&
　　　直徑6.7cm×高2cm十辦花紋布里歐修模3個份〉

◆（　）：烘焙比例

高筋麵粉（日本江別製粉）	250g	（100%）
鹽	2g	（1%）
2號砂糖	25g	（10%）
牛奶	38g	（15%）
雞蛋	50g	（20%）
原種	113g	（45%）
奶油（無鹽）	88g	（35%）
糖漬柳橙皮	30g	（12%）
糖漬柳橙（切片）	1片	
蛋液	適量	
珍珠糖	適量	
開心果	適量	

＊大調理盆：直徑30cm不鏽鋼製的調理盆
　中調理盆：直徑21cm耐熱塑膠製的調理盆

{ 準備 }

‧奶油切丁成1公分大小，放入冰箱冷藏。

‧糖漬柳橙皮以水洗過，再切成寬3mm至5mm來使用。

‧布里歐修模型噴上噴霧式食用油。

{ 揉麵 } ＊參照P.14

★使用揉麵機則設定13分鐘→加入柳橙皮後再揉3分鐘

1　大調理盆中放入高筋麵粉和鹽。

2　中調理盆中放入2號砂糖和牛奶，以小攪拌器混合後，再加入雞蛋和原種拌勻。

3　中途分兩次加入奶油，快速地揉入麵團中，揉麵快完成（約80%）時，加入糖漬柳橙皮接續揉麵動作。

{ 一次發酵 } ＊參照P.15

| 27℃至28℃ | 6小時30分鐘至7小時 | →翻麵→ |

| 28℃ | 2小時 |

{ 分割 } ＊參照P.16

分成10等分，約60g／個

＊烘焙用木模放入7個麵團，3個布里歐修模型各放入1個麵團。

{ 醒麵 } ＊參照P.16　★冬天使用發酵器

| 20℃至25℃ | 20分鐘 |

{ 成型 }

1　將表面的麵皮拉至底部塑成圓形（圖A），以手指捏緊作收口（圖B）。油脂較多的麵團收口容易開，請確實捏緊。

2　將3個麵團收口朝下，放入布里歐修模型中（圖C）。

3　將7個麵團收口朝下，放入烘焙用木模中。放置順序請按照上下左右的對角線上的角排列6個麵團，再將最後1個麵團置於模型中央（圖C）。

{ 最終發酵 } ＊參照P.17

| 27℃至28℃ | 60分鐘 |

{ 烘焙 } ＊預熱至220℃至230℃。

布里歐修模型　　　烘焙用木模

| 200℃ | 15分鐘 | | 200℃ | 20分鐘 |

1　以烘焙用毛刷在麵團表面刷上蛋液，木模型的麵團中央放上糖漬柳橙片，最後放入烤箱烘烤。

2　出爐後在糖漬柳橙片上撒上珍珠糖和碎開心果。

＊ 珍珠糖

一般常使用於鬆餅上，擁有輕甜香脆和入口即溶的口感，於麵包出爐後撒上可增加麵包的美觀。

A

B

C

幕斯林奶油布里歐修

奶油在製作前先放入冰箱冷藏，分成兩次揉入麵團中，
利用空罐子烘烤使麵團縱向的伸展，烘烤成圓柱形的幕斯林奶油布里歐修，
比基本款布里歐修口感來得更清爽。

Brioche mousseline

材料〈直徑10cm×高12cm的罐頭空罐2個份〉

◆（ ）：烘焙比例

高筋麵粉（日本江別製粉）	272g（85%）
高筋麵粉（TYPE ER）	48g（15%）
鹽	4g（1.2%）
2號砂糖	10g（3%）
蜂蜜	22g（7%）
牛奶	48g（15%）
雞蛋	77g（24%）
原種	144g（45%）
發酵奶油（無鹽）	90g（28%）
手粉（高筋麵粉）	適量
蛋液	適量

＊大調理盆：直徑30cm不鏽鋼製的調理盆
　中調理盆：直徑21cm耐熱塑膠製的調理盆

{ 準備 }

・奶油切丁成1公分大小，
　放入冰箱冷藏。

・空罐裡噴上噴霧式食用油，
　在罐內鋪上高出罐高3cm的
　烘焙紙。

{ 揉麵 } ＊參照P.14 ★使用揉麵機則設定16分鐘

1 大調理盆中放入高筋麵粉和鹽。

2 中調理盆中放入2號砂糖、蜂蜜和牛奶，小攪
　拌器混合後，放入雞蛋和原種拌勻。

3 中途分成兩次加入奶油，快速地揉入麵團中。

{ 一次發酵 } ＊參照P.15

27℃至28℃	5至6小時	→ 翻麵

27℃至28℃	2小時

{ 分割 } ＊參照P.16

分成2等分，約350g／個。

{ 醒麵 } ＊參照P.16 ★冬天使用發酵器

20℃至25℃	20分鐘

{ 成型 }

1 收口朝下，放置於平檯上，以手指輕敲
　麵團，讓麵團中較大的氣泡散開（圖
　A），確實地去除氣泡會使內層更細
　緻。

2 由外向內對摺讓麵團鼓起（圖B）。

3 轉動麵團45度成為縱向（圖C），再由
　外向內對摺一半（圖D）。

4 此動作再重複2次（圖E・F），將表面
　的麵皮拉起塑成圓形，在平檯上滾動成
　圓（圖G）。

5 以手指捏緊底部收口。

6 收口朝下，放入罐中（圖H）。

7 撒上手粉，以拳頭拍打麵團讓表面凹陷
　（圖I），再以手指將周圍壓緊，使中
　央的麵團凸起。

A

G

B

H

C

I

D

E

F

{ 最終發酵 } ＊參照P.17

27℃至28℃	75至80分鐘

＊膨脹至罐子口的5mm以下即可。

{ 烘焙 }

冷箱烘烤

100℃	10分鐘	→

150℃	10分鐘	→

200℃	25至30分鐘（2個麵團）

＊由低溫慢慢調高溫度烘烤的方法，所以烤箱不需預
　熱。

1 以烘焙用毛刷在麵團表面
　刷上蛋液，以剪刀在表面
　剪出2cm至3cm深的十字，
　剪至麵團邊緣即可置於
　烤盤上，放入烤箱烘烤。

2 出爐後從模型取出，靜置於涼架上冷卻。

法式甜點の巴斯塔克

厚切的慕斯林吸滿糖漿,塗上杏仁奶油醬,
烘烤出迷人香味,即是一款法國傳統的甜點。

材料〈6至7片份〉

幕斯林(參照P.52)	2cm厚6至7片
A 砂糖	50g
水	100g
黑蘭姆酒	10g
杏仁奶油醬(參照P.55)	適量
杏仁片	適量
不溶糖粉	適量

* 不溶糖粉
即使用於含水量多的麵團上,也不
易溶化、結塊的糖粉,甜度較低,
即使大量撒上也不會有負擔。

{ 作法 }

1　杏仁奶油醬製作方法參照P.55。

2　以A材料製作糖漿。先在耐熱容器
　中放入砂糖和水,覆蓋保鮮膜放進
　微波爐,加熱至砂糖溶解即可,待
　涼後再加入黑蘭姆酒。

3　將幕斯林切片排列在鋪好烘焙紙的
　烤盤上,以烘焙用毛刷刷上糖漿讓
　幕斯林吸收至厚度的一半(圖A)。

4　將杏仁奶油醬,以奶油刀各塗上25g
　(圖B),塗抹時周圍較薄,中央較
　厚為佳。

5　在表面各撒上5g杏仁片(圖C),放
　入烤箱以200℃烘烤12至13分鐘,使
　奶油醬上色即可。

6　待涼後以篩子撒上不溶糖粉。

LES CRÈME
製作餡料＆抹醬＆求肥

◎求肥（使用於P.18的櫻花麵包）

材料〈份量約200g〉

白玉粉	50g
水	100g
上白糖	40g
太白粉	適量

＊求肥為麻糬大福的QQ表皮。

{作法}

1 在耐熱調理盆中加入白玉粉，慢慢把水加入，以攪拌器攪拌至完全溶解沒有結塊後，再加入上白糖拌勻。

2 覆蓋保鮮膜放入微波爐加熱（600W）2分鐘，取出後以沾了水的刮板進行攪拌，再加熱1分鐘後拌勻。

3 待材料變成半透明且有光澤後，從調理盆取出放置於撒了太白粉的盤子上，表面也撒上太白粉，迅速推揉塑型，稍微寬且保有厚度的程度即可。

4 待涼後，分割成12等分，1等分約10至12g。

＊剩餘的求肥，覆蓋保鮮膜後放入冰箱冷藏，可包入自己喜歡的豆餡作成麻糬大福或作成麻糬冰淇淋，十分清爽好吃。

◎蘭姆酒漬葡萄乾奶油醬
（使用於P.30葡萄維也納麵包）

材料〈份量7根份〉

可爾必思奶油（無鹽）	100g
加糖煉乳	50g
糖粉	13g
蘭姆酒漬葡萄乾	45g

{作法}

1 將可爾必思奶油放入調理盆中，以攪拌器攪拌至奶油滑順即可。

2 依序放入加糖煉乳、糖粉和蘭姆酒漬葡萄乾攪拌均勻。

＊奶油是主味，建議使用口味、風味、質感都很棒的可爾必思奶油，可作出優質又清爽的奶油醬。

◎栗子餡
（使用於P.38的栗子吐司麵包）

材料〈栗子夾層一片份〉

栗子泥	120g
白豆餡	40g
蘭姆酒	8g

{作法}

1 在調理盆中放入栗子泥和白豆餡，以刮板仔細攪拌。

2 加入蘭姆酒混合，覆蓋保鮮膜放入冰箱冷藏，使味道更加融合。

＊亦可使用食物調理機製作，栗子泥則建議使用法國Imber的栗子泥，甜度較低，可以品嚐出栗子本身的輕甜風味。

◎起士奶油醬
（使用於P.44的檸檬吐司麵包）

材料〈2個份〉

奶油乳酪	75g
酸奶油	50g
2號砂糖	15g

{作法}

1 奶油乳酪和酸奶油置於室溫下回軟。

2 將1的材料放入調理盆中，以攪拌器攪拌至滑順後，再加入2號砂糖。

◎抹茶杏仁醬
（使用於P.48的抹茶紅豆吐司麵包）

材料〈份量3個份〉

奶油（無鹽）	50g
糖粉	45g
雞蛋	35g
杏仁粉	45g
低筋麵粉（dolce）	5g
抹茶	6g

{作法}

1 奶油和雞蛋置於室溫下回溫後，將奶油放入調理盆中，以攪拌器攪拌至滑順即可。

2 在1裡篩入糖粉，攪拌至顏色變白。

3 打散雞蛋慢慢加入2中拌勻。

4 一次加入所有的杏仁粉，以刮板攪拌至完全溶解即可。

5 將抹茶和低筋麵粉混合後一起篩入，攪拌均勻後覆蓋保鮮膜放入冰箱冷藏一晚使味道融合。

＊剩餘的醬請放置冰箱保存，在1個月內使用完畢，使用前請加熱。

＊也可使用食物調理機製作，依照上方的順序放入材料，每次放入材料時請攪拌。

◎杏仁奶油醬
（使用於P.54的巴斯塔克和P.70的蘋果丹麥）

材料〈容易操作的份量〉

發酵奶油（無鹽）	100g
糖粉	90g
雞蛋	65g
杏仁	90g
低筋麵粉	15g
黑蘭姆酒	10g

{作法}

1 將奶油和雞蛋放置室溫回溫，把奶油放入調理盆中，以攪拌器攪拌至滑順即可。

2 在1裡篩入糖粉，攪拌至顏色變白。

3 打散雞蛋一點點的加入2之中，同時拌勻。

4 一次加入所有的杏仁粉，以刮板攪拌至顆粒消失即可。

5 篩入低筋麵粉，攪拌至粉狀物消失後，加入黑蘭姆酒拌勻。

6 覆蓋保鮮膜放入冰箱冷藏一晚，使味道融合。

＊剩餘的醬請放置冰箱保存，在1個月內使用完畢，使用前請加熱。

＊也可使用食物調理機製作，依照上方的順序放入材料，每次放入材料時請攪拌。

◎紫心地瓜泥
（使用於P.68的紫心地瓜可頌）

材料〈容易操作的份量〉

地瓜	1顆（淨重約300g）
砂糖	80g
奶油（無鹽）	30g
鮮奶油	25g至30g

{作法}

1 地瓜洗淨後，連皮放入微波爐（600W）加熱至變鬆軟，約為4至5分鐘，竟置放涼後去皮過篩，取300g備用。

2 在鍋裡放入材料1、砂糖和奶油，以木鏟攪拌同時留意硬度。

3 放入盤中鋪平，覆蓋保鮮膜等待冷卻。

＊剩餘的地瓜以保鮮膜覆冷凍保存，可直接當點心或是塗在麵包上。

Brioche à la moutarde

芥末子布里歐修

在麵團裡揉進芥末子，放入小香腸當作正餐麵包，
把麵粉的一部分換成低筋麵粉，外皮就會脆又香，
就算內餡什麼都不放就去烤，夾著義式臘腸也很好吃哦！

材料〈開口寬6·7cm高2cm+瓣花紋的布里歐修模型10個份〉

◆（　）：烘焙比例

高筋麵粉（日根江別製粉）	200g	（80%）
低筋麵粉（dolce）	50g	（20%）
鹽	3g	（1.2%）
芥末子	40g	（16%）
2號砂糖	20g	（8%）
牛奶	63g	（25%）
雞蛋	20g	（8%）
原種	113g	（45%）
奶油（無鹽）	88g	（35%）
小熱狗	5根	
手粉（高筋麵粉）	適量	
蛋液	適量	

＊大調理盆：直徑30cm不鏽鋼製的調理盆
　中調理盆：直徑21cm耐熱塑膠製的調理盆

＊茹素者可將葷料改為素料。

{ 準備 }

· 奶油切丁成1公分大小，放入冰箱冷藏。

· 小熱狗各切成4等分。

· 模型內側噴上噴霧式食用油。

{ 揉麵 } ＊參照P.14　★使用揉麵機則設定16分鐘

1 大調理盆中放入高筋麵粉，低筋麵粉、鹽、芥末子，稍稍攪拌即可。

2 中調理盆中放入2號砂糖和牛奶，以小攪拌器混合，之後再加入雞蛋和原種混合。

3 中途分成2次加入冰過的奶油揉入麵團中。

{ 一次發酵 } ＊參照P.15

27℃至28℃	7小時	→翻麵→

27℃至28℃	2小時至2小時30分鐘

{ 分割 } ＊參照P.16

分成10等分約為60g／個。

{ 醒麵 } ＊參照P.16　★冬天使用發酵器

20℃至25℃	20分鐘

{ 成型 }

1 收口朝下，放置於平檯上。

2 以手掌延展麵團至直徑10cm，外觀以外薄中厚為佳。

3 在麵團中央放入2塊小香腸（圖A）。

4 依上下左右順序拉起麵團邊緣包覆餡料（圖B），捏緊接合處作收口（圖C）。

5 收口朝下，放入模型中（圖D）。

A

B

C

D

{ 最終發酵 } ＊參照P.17

27℃至28℃	50分鐘

{ 烘焙 } ＊烤箱預熱至220℃至230℃

200℃至210℃	18分鐘

1 以烘焙用毛刷在麵團表面刷上蛋液，放入預熱好的烤箱烘烤。

2 從模型取出後，靜置於涼架上冷卻。

紅寶石莓果の紅茶咕咕洛夫

在內餡中添加很多酸酸甜甜的紅色莓果＆馬可波羅紅茶，
出爐後散發出有如焦糖般的甜香味，
在值得慶祝的記念日或茶會上與朋友一起享用這款華麗的點心麵包吧！

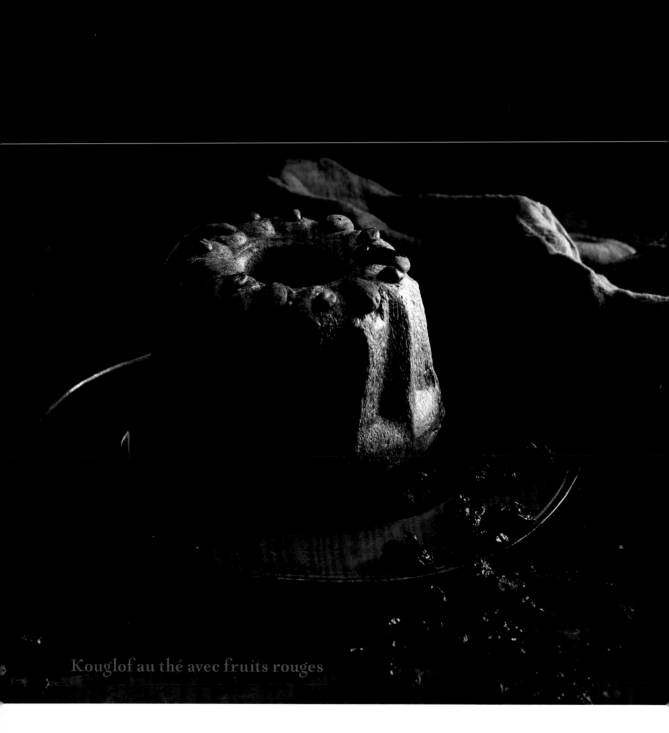

Kouglof au thé avec fruits rouges

材料〈直徑14㎝的咕咕洛夫模型2個份〉 ◆（ ）：烘焙比例

高筋麵粉（日根江別製粉）	300g（100%）
紅茶粉（馬可波羅紅茶）	15g（5%）
鹽	3g（1%）
2號砂糖	36g（12%）
紅茶（浸泡水果乾用）	105g（35%）
鮮奶油（乳脂肪含量36%）	24g（8%）
雞蛋	30g（10%）
原種	135g（45%）
奶油（無鹽）	75g（25%）

• 紅茶浸漬紅色果實的水果乾

160至180g（53.3至60%）

水果乾：蔓越莓、藍莓、黑醋栗、櫻桃、
覆盆子、白無花果   各25g

紅茶葉（馬可波羅紅茶）	15g
熱開水	200ml
杏仁（整顆）	12個
開心果	14個
手粉（高筋麵粉）	適量

＊大調理盆：直徑30㎝不鏽鋼製的調理盆
　中調理盆：直徑21㎝耐熱塑膠製的調理盆

{ 準備 }

・奶油切丁成成1公分大小，放入冰箱冷藏。

・將紅茶粉用的紅茶葉，打碎成粉末狀。

・紅色果實的水果乾以紅茶浸漬。

1. 以紅茶葉等量的熱水泡紅茶，燜泡6分鐘後以濾網濾出茶葉。

2. 白無花果切成8等分，和其他的水果一起放入理調盆中，趁熱加入1.裡的紅茶，浸漬1至3小時。。

3. 以廚房紙巾包住水果乾，擠出多於的紅茶，浸泡過後成為160g至180g即可，剩餘的紅茶可當作製作時的水分使用。

{ 揉麵 }　＊參照P.14　★使用揉麵機則設定16分鐘

1　大調理盆中放入高筋麵粉、紅茶粉和鹽。

2　中調理盆中放入2號砂糖、泡過水果乾的剩餘紅茶和鮮奶油，以小攪拌器混合後，放入雞蛋和原種拌勻，最後分兩次加入冰過的奶油揉入麵團中。

3　將紅茶浸漬水果乾參照P.34揉麵步驟3至12進行揉麵。

{ 一次發酵 }　＊參照P.15

27℃至28℃	6小時至7小時	→翻麵→

27℃至28℃	2小時

＊發酵至麵團膨脹一圈即可。

{ 分割 }　＊參照P.16

分成2等分，約440g至450g／個。

{ 醒麵 }　＊參照P.16　★冬天使用發酵器

20℃至25℃	20至30分鐘

{ 成型 }

1　在模型底部放入杏仁和開心果（圖A）。

2　麵團重新捏緊收口，不必重新滾圓。

3　收口朝下，放置於平檯上，塑型成中央拱起的圓形（圖B）。

4　以食指沾上些許手粉，在麵團中央戳出1個凹洞（圖C）。

5　以雙手的食指和中指一起，把中央的洞撐大至50元硬幣大小（圖D）。

6　把麵團撐起翻面，快速放入1的模型中（圖E），請將麵團的孔洞套入模型中央圓筒放入。

7　以手指沿圓筒周圍將中央麵團壓入模型中（圖F），請不要壓到邊緣的麵團，以免麵團變硬。

8　在布上提起放下模型，輕敲模型2次（圖G）。

{ 最終發酵 }　＊參照P.17

27℃至28℃	80分鐘

＊當麵團膨脹至與圓筒同高即發酵完成。

{ 烘焙 }　＊烤箱預熱至220℃至230℃。

200℃	25分鐘 （2個份）

以烘焙用毛刷在麵團表面刷上蛋液，放入預熱好的烤箱烘烤，從模型取出，靜置於網架上待涼，稍涼後在表面撒上不易溶糖粉。

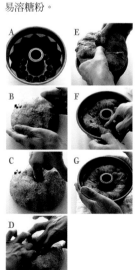

Kouglof salé

鹹味咕咕洛夫

經典鹹味咕咕洛夫，切成薄片和冰涼的白酒或啤酒一起品嚐，
即可當成高雅的餐前麵包，
香鹹口感在不耐甜食的男性之中擁有超人氣！

材料〈直徑14cm咕咕洛夫模型2個份〉

◆（ ）：烘焙比例

高筋麵粉（日根江別製粉）	264g	（88%）
高筋麵粉（TYPE ER）	36g	（12%）
鹽	4g	（1.3%）
乾燥羅勒（有機）	2g	（0.7%）
2號砂糖	30g	（10%）
牛奶	135g	（45%）
雞蛋	18g	（6%）
原種	135g	（45%）
奶油（無鹽）	90g	（30%）
油炸洋蔥（市售）	54g	（18%）
黑橄欖（無子）	36g	（12%）
培根（過炒）	72g	（24%）
A 乾燥羅勒		1g
披薩用起士絲		40g
切片義式臘腸		8枚
手粉（高筋麵粉）		適量

＊大調理盆：直徑30cm不鏽鋼製的調理盆
　中調理盆：直徑21cm耐熱塑膠製的調理盆

＊茹素者可將葷料改為素料。

{準備}

・奶油切丁成1公分大小，放入冰箱冷藏。

・黑橄欖切成4等分。

・培根切丁成1公分大小，稍微過炒逼出多餘油分，
　放在廚房紙巾上吸油，取72g備用。

{揉麵} ＊參照P.14

★使用揉麵機則設定12分鐘 → 加入油炸洋蔥後再揉3分鐘

1　大調理盆中放入高筋麵粉、鹽和乾燥羅勒。

2　中調理盆中放入2號砂糖和牛奶，以小攪拌器混合後，
　　放入雞蛋和原種拌勻，最後分成2次加入冰過的奶油，
　　揉入麵團中。

3　揉麵快完成（約80%）時，再加入油炸洋蔥繼續揉麵動
　　作。

4　將黑橄欖和培根參照P.34的揉麵步驟3至12，揉麵塑
　　型。

{一次發酵} ＊參照P.15

27℃至28℃	5小時至6小時	→翻麵→

27℃至28℃	2小時

＊等待麵團膨脹至快碰到保鮮膜即可。

{分割} ＊參照P.16

分成2等分，約為435g／個。

{醒麵} ＊參照P.16　★冬天使用發酵器

20℃至25℃	20至30分鐘

{成型} ＊參照P.59

1　在模型底部的下凹的部分依序放入乾燥羅
　　勒、披薩用起士（圖A），再將義式臘腸切
　　片貼放在側面四個地方（圖B）。

2　參照P.59的成型步驟2至6個，放入1的模型
　　裡（圖C・D）。

3　貼放在側面的義式臘腸會隨著麵團移位，請
　　以手將臘腸拉出（圖E）。

4　沿著圓筒的周圍把麵團壓入模型中（圖
　　F）。

5　在布上提起放下模型，輕敲模型2次，讓麵
　　團定型。

{最終發酵} ＊參照P.17

27℃至28℃	70至80分鐘

＊當麵團膨脹至圓筒同高時即發酵完成。

{烘焙} ＊烤箱預熱至220℃至230℃

200℃	35分鐘 （2個份）

放入預熱好的烤箱烘烤，從模型取出後，靜
置於涼架上冷卻。

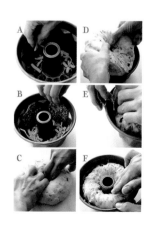

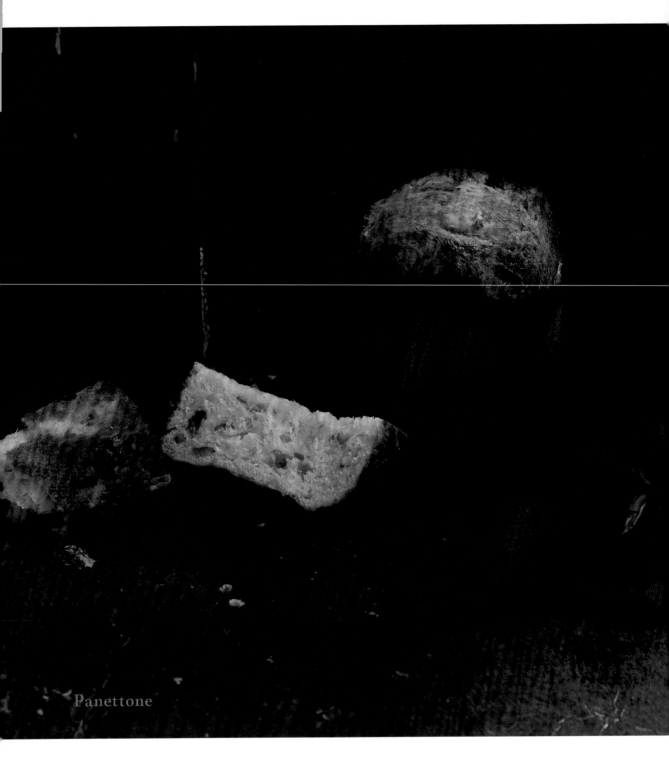

Panettone

潘妮朵妮

原本為一款以潘妮朵妮菌製作的傳統義大利點心麵包，
改以葡萄乾酵母來製作，加入了大量水果乾，
烤出來的麵包既鬆軟又好吃，是我的自信之作！

材料〈直徑10cm×高10cm的潘妮朵妮模型2個份〉

◆（　）：烘焙比例

高筋麵粉（日根江別製粉）……	250g（100%）
鹽……	2g（1%）
2號砂糖……	37g（15%）
雞蛋……	75g（30%）
蜂蜜……	13g（5%）
牛奶……	30g（12%）
原味優格……	37g（15%）
原種……	113g（45%）
發酵奶油（無鹽）……	88g（35%）
蘭姆酒漬土耳其葡萄……	75g（30%）
糖漬柳橙皮……	50g（20%）
糖漬檸檬皮……	25g（10%）
烘烤用發酵奶油（無鹽）……	10g
橄欖油……	適量

＊大調理盆：直徑30cm不鏽鋼製的調理盆
　中調理盆：直徑21cm耐熱塑膠製的調理盆

{ 準備 }

・奶油切丁成1公分大小，放入冰箱冷藏。
・糖漬柳橙皮和糖漬檸檬皮以水洗過，擦乾水分切成3mm至5mm小丁。
・調理盆中放入2號砂糖和蛋黃，以小攪拌器混合。

{ 揉麵 } ＊參照P.14

★使用揉麵機則設定12分鐘 → 加入水果乾後再揉3分鐘

1 大調理盆中放入高筋麵粉和鹽。
2 中調理盆中放入蜂蜜和牛奶，以小攪拌器攪拌至蜂蜜融化後，加入原味優格、原種、2號砂糖和蛋黃拌勻。
3 最後分2次加入冰過的奶油，揉入麵團中。因奶油含量多，麵團較軟，請以摺疊的方式進行揉麵。
4 揉麵快完成（約80%）時，再加入蘭姆酒漬土耳其葡萄、糖漬柳橙皮和糖漬檸檬皮，以包覆食材的方式接續揉麵動作。

{ 一次發酵 } ＊參照P.15

27℃至28℃	6小時	→翻麵	27℃至28℃	2小時

{ 分割 } ＊參照P.16

分成2等分，約395g／個。

＊以橄欖油代替手粉，沾在麵團、平檯、電子秤、手及刮板上，分割時請不要把麵團中的空氣擠出。

{ 成型 } ＊不必醒麵，分割後立刻成型。

1 手和麵團上都沾上橄欖油，收口朝上，放置在平檯上，由外向內對摺讓麵團鼓起（圖A）。
2 將麵團轉成縱向，再由外向內對摺（B・C）。
3 這個動作再重複2次，將表面的麵皮拉起，在平檯上滾動塑型成為圓形（圖D）。
4 以手指捏緊底部作收口（圖E），收口朝下，放入潘妮朵妮模型中（圖F）。
5 沿著麵團周圍圍緊壓，讓中央的麵團凸起（圖G）。
　＊請不要壓出麵團裡的空氣。

{ 最終發酵 } ＊參照P.17

27℃至28℃	90至100分鐘

{ 烘焙 }

冷箱烘烤

100℃	10分鐘	→	150℃	10分鐘	→

200℃	16至17分鐘

＊由低溫慢慢調高溫度烘烤的方法，所以烤箱不需預熱。

1 在麵團表面以割紋刀，割出1cm至2cm深的十字割紋，請割至邊緣（圖H）。
2 把烘烤用的發酵奶油分成8等分，各放4個在割紋上（圖I），放上烤盤放入烤箱烘烤，出爐後和模型一起置於涼架上冷卻。

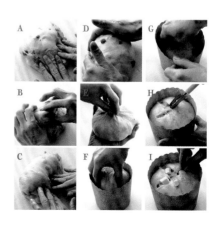

A　D　G
B　E　H
C　F　I

Croissant et Croissant à la barre de chocolat

經典可頌 & 巧克力可頌

製作酥脆口感和奶油香濃風味，令人著迷的可頌麵包，
將奶油摺入麵團後，放入冰箱冷藏使奶油凝固，為製作可頌的重要訣竅。

材料〈9個份〉　　　　　　　◆（ ）：烘焙比例

高筋麵粉（日根江別製粉）　　　　95g（38%）
高筋麵粉（TYPE　ER）　　　　125g（50%）
石磨全粒粉（江別製粉）　　　　　30g（12%）
鹽　　　　　　　　　　　　　　　3g（1.2%）
2號砂糖　　　　　　　　　　　　20g（8%）
牛奶　　　　　　　　　　　　　　80g（32%）
原種　　　　　　　　　　　　　113g（45%）
發酵奶油（無鹽）　　　　　　　　15g（6%）
發酵奶油（無鹽，摺入用）　　　115g（46%）
VALRHONA Baton Chcolate（巧克力棒）
　　　　　　　　　　　　　　　　　　適量
手粉（高筋麵粉）　　　　　　　　　適量

＊大調理盆：直徑30㎝不鏽鋼製的調理盆
　　中調理盆：直徑21㎝耐熱塑膠製的調理盆

{ 準備 }

・夏天氣溫較熱，請先將粉類放入冰箱冷藏。

{ 揉麵 }　＊參照P.14

★使用揉麵機則設定7分鐘（完成後以手揉合）

1　大調理盆中放入2號砂糖和牛乳，以小攪拌器混合
　　後，加入原種拌匀。

2　中調理盆中放入高筋麵粉、全粒粉和鹽，以刮板稍
　　微攪拌。

3　將1倒入2中，以刮板攪拌至粉類吸收水分。

4　雙手揉壓混合材料，待麵團成團後，取出放置於平
　　檯上，以手掌根部下壓延展麵團，接著向內摺回，
　　變換方向重複相同動作2至3次。

5　奶油切成小塊，均勻撒在麵團上，摺起麵團包覆奶
　　油再繼續揉麵。

6　待麵團融合奶油呈濕潤狀後，集中麵團，放入調理
　　盆中覆蓋保鮮膜。

→
接續P.66

{ 一次發酵後 } →

1 以刮板輕刮麵團邊緣使其和調理盆分離，將調理盆倒扣在平檯上，取出麵團。

以手掌由麵團中心慢慢向外推，壓出空氣。

將表面的麵皮拉至底部，塑成圓形，以手指捏緊底部作收口。

收口朝下，放置平檯上，以擀麵棍擀成直徑16cm至17cm的圓形薄片，為了使麵團確實冷卻，請擀成麵皮般的薄片。

把麵團放入塑膠袋中，休眠1小時。

{ 摺疊 } →

製作奶油夾層，保鮮膜剪成30cm的四角形，放上冷藏取出的奶油，摺起上下左右四邊，讓四邊各留下一點空間。

隔著保鮮膜以擀麵棍敲打奶油，使其延展成厚度均勻的12cm四角形，製作途中，若保鮮膜脫落請打開重新包好，請以尺測量長和寬，作出正確尺寸的奶油夾層。

把奶油夾層轉成菱形放置於麵團上，以麵團包覆奶油夾層，再將麵團擀成20cm的四角形。

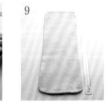

麵團四角向內摺起，接合處以手指捏緊作收口。

從麵團上方以擀麵棍向下壓，使麵團和奶油夾層緊合，由中央向上延展麵團，再由中央向下延展麵團，將 向延展至15cm至17cm後，再延展縱向。

將麵團掛在擀麵棍上翻面，依序由中央向上→中央向下延展，重複此動作至長度變為45cm至50cm。

由外向內摺回⅓，以擀麵棍下壓緊合，也由內向中央摺起，將麵團摺成三摺，再以擀麵棍下壓四邊和中央讓麵團緊合。

以塑膠袋包覆，放入冰箱冷藏1小時，取出後延展成40cm至50cm，再摺成三摺，重複此動作2次（總共3次），第2次完成後放入冰箱冷藏10至24小時（最佳時間為16至18小時），第3次則放入冰箱冷藏1小時。

在平檯上撒上手粉,摺起的缺口向外, 向放置麵團,以擀麵棍擀成長22cm寬41cm大小,請以尺測量擀成正確的尺寸後,靜置於平檯上使其鬆弛5分鐘(可使麵團不會縮小)。

以刮板將麵團裁為長21cm寬41cm的大小,靜置於平檯上鬆弛5至10分鐘。

以尺在麵團上作出底邊8cm、高21cm的等腰三角形記號,再以刮板沿線切下,總共裁出9個等腰三角形和2個底邊4cm的直角三角形。

各個三角形的底邊以刮板切出1mm至1.5mm的切口。

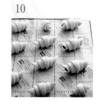

稍稍拉開切口兩端,由內住外捲起,尾端壓至下方,使左右兩端的尖端挺立即可作出很漂亮的形狀。

巧克力可頌是在切口處放上巧克力棒,以巧克力棒當成中心捲起(勿捲過緊)。

將捲起的尾端朝下,排列整齊放置在鋪好烘焙紙的烤盤上。

＊底邊4cm的直角三角形可以同樣
　方法製成迷你可頌。

{ 最終發酵 } ＊參照P.17

27℃至28℃	120分鐘

＊發酵至麵團膨脹一圈。

{ 烘焙 } ＊烤箱預熱至250℃。

230℃	6分鐘	→	200℃至210℃	10分鐘

放入預熱好的烤箱烘烤,取出後放置涼架上冷卻。

＊ VALRHONA Baton Chcolate
　(巧克力棒)

中低甜度的巧克力棒,芳醇甜美且滑潤順口,使用棒狀巧克力,方便直接捲入麵團中使用。

紫心地瓜可頌

將紫心地瓜粉揉入麵團中，製作出顏色可愛的可頌麵包，
紫心地瓜泥夾心的溫和甜度，使此款甜點麵包老少咸宜。

Croissant à la patate douce mauve

材料〈9個份〉　　　　　◆（　）：烘焙比例

高筋麵粉（日根江別製粉）　　160g（64%）

低筋麵粉（TYPE ER）　　　60g（24%）

紫心地瓜粉　　　　　　　　30g（12%）

鹽　　　　　　　　　　　　3g（1.2%）

2號砂糖　　　　　　　　　20g（8%）

牛奶　　　　　　　　　　　80g（32%）

原種　　　　　　　　　　113g（45%）

發酵奶油（無鹽）　　　　　15g（6%）

發酵奶油（無鹽，摺入用）115g（46%）

紫心地瓜泥（參照P.55）　　135g

手粉（高筋麵粉）　　　　　適量

＊大調理盆：直徑30cm不鏽鋼製的調理盆
　中調理盆：直徑21cm耐熱塑膠製的調理盆

{準備}

・夏天氣溫較熱，請先將粉類放入冰箱冷藏。

・紫心地瓜泥製作法參照P.55，完成後取135g，
　分成9等分，每等分搓成6cm的棒狀。

{揉麵}　＊參照P.14

★使用揉麵機則設定8分鐘（完成後以手揉合）

1　大調理盆中放入2號砂糖和牛乳，以小攪拌器
　　混合後，加入原種拌勻。

2　中調理盆中放入高筋麵粉、紫心地瓜粉和鹽，
　　以刮板稍微攪拌後，參照P.65製作。

{一次發酵}　＊參照P.66

| 27℃至28℃ | 6小時 |

＊發酵至麵團膨脹一圈。

{摺疊}　＊參照P.66

參照P.66的摺疊方式，將奶油摺入麵團中。

第1次	放入冰箱1小時
第2次	放入冰箱10至24小時（最佳時間為16至18小時）
第3次	放入冰箱1小時

{成型}

參照P.67的成型步驟製作（圖A・B・C），在切口處放上棒狀
紫心地瓜泥，以地瓜泥為軸捲起（勿捲過緊）。

{最終發酵}　＊參照P.17

| 27℃至28℃ | 120分鐘 |

＊發酵至麵團膨脹一圈即發酵完成。

{烘焙}　＊箱預熱至250℃

| 230℃ | 6分鐘 | → | 200℃ | 10分鐘 |

放入預熱好的烤箱烘烤，取出後靜置於涼架上冷卻。

＊紫心地瓜粉

天然紫心地瓜以炭火烤過後，打成
粉狀製成。紫心地瓜的自然紫色富
含有益眼睛的花青素，加入麵團
中，呈現明豔的色彩。

Chausson aux pommes

蘋果丹麥

蘋果切片後直接放在麵包上烘烤,製成比起可頌麵包更加酥脆的丹麥麵包,
以黃桃、洋梨或黑櫻桃等水果代替蘋果也一樣美味喔!

材料〈8個份〉　　　　　◆（ ）：烘焙比例

高筋麵粉（日根江別製粉）……100g（40%）
高筋麵粉（TYPE ER）………150g（60%）
鹽………………………………3g（1.2%）
砂糖……………………………25g（10%）
牛奶……………………………65g（26%）
蛋液……………………………15g（6%）
原種……………………………113g（45%）
發酵奶油（無鹽）……………10g（4%）
發酵奶油（無鹽，摺入用）…115g（46%）
蘋果……………………………1個
杏仁奶油醬（參照P.55）……120g
奶油（無鹽）…………………32g
蛋液……………………………適量
不溶糖粉………………………適量
山蘿蔔（又名細葉芹）………適量
砂糖……………………………適量

＊大調理盆：直徑30cm不鏽鋼製的調理盆
　中調理盆：直徑21cm耐熱塑膠製的調理盆

{ 準備 }

‧夏天氣溫較高，請先將粉類放入冰箱冷藏。
‧杏仁奶油醬製作法參照P.55，完成後取120g
　備用。
‧蘋果連皮切成薄片。

{ 揉麵 } ＊參照P.65

★使用揉麵機則設定8分鐘（完成後以手揉合）

1 大調理盆中放入2號砂糖和牛乳，以小攪
　拌器混合後，加入原種拌勻。
2 中調理盆中放入高筋麵粉、紫心地瓜粉和
　鹽，以刮板稍微攪拌後，參照P.65的步驟製
　作。

{ 一次發酵 } ＊參照P.66

| 27℃至28℃ | 6小時 |

＊發酵至麵團膨脹一圈。

{ 摺疊 } ＊參照P.66

請參照P.66的{ 摺疊 }方式，奶油摺入麵團中。

| 第1次 | 放入冰箱1小時 |

| 第2次 | 放入冰箱10至24小時（最佳時間為16至18小時） |

| 第3次 | 放入冰箱1小時 |

{ 成型 }

1 參照P.67的成型步驟1‧2來製作，以擀麵棍將
　麵團擀長23cm×寬45cm（圖A），完成後靜置
　鬆弛5分鐘，以刮板將麵團四邊裁成長22cm×
　寬44cm的大小後，靜置鬆弛5至10分鐘。
2 在麵團上輕輕畫出縱向4等分、橫向2等分（邊
　長11cm四角形）的線後，沿線切割成8等分
　（圖B）。
3 拉起四角形麵團的2個對角往中央摺起，以手
　壓緊接合處。
4 接合處向上，放置於鋪好烘焙紙的烤盤上。

{ 最終發酵 } ＊參照P.17

| 27℃至28℃ | 120分鐘 |

＊發酵至麵團膨脹一圈即可。

{ 烘焙 } ＊烤箱預熱至220℃至230℃。

| 200℃ | 17至18分鐘 | ★注意溫度過高容易烤焦。

1 以烘焙用毛刷在麵團表面刷上蛋
　液，為防止麵團過烤後不會膨起，
　請不要把蛋液刷在奶油層。
2 杏仁奶油醬抹在各個麵團後，放上6
　片蘋果（圖A）。
3 將奶油切成小塊平均放在蘋果上，
　再各自撒上½小匙的砂糖（圖B）。
4 放入預熱好的烤箱烘烤，出爐後置
　於涼架上冷卻，待涼後再撒上不易
　溶糖粉，最後放上細葉芹作裝飾。

A

B

C

D

A

B

Sacristain parsemé de parmesan et poivre noir

丹麥麵包棒（起士＆黑芝麻）

和丹麥麵包配方相同，只是改了配料和形狀，先編織後再放入烘烤，
外型簡單失敗率低，以乾燥羅勒來代替黑芝麻也非常好吃！

材料〈長24cm丹麥棒模型8個份〉

◆（　）：烘焙比例

高筋麵粉（日根江別製粉）	100g	（40%）
高筋麵粉（TYPE ER）	150g	（60%）
鹽	3g	（1.2%）
砂糖	25g	（10%）
牛奶	65g	（26%）
蛋液	15g	（6%）
原種	113g	（45%）
發酵奶油（無鹽）	10g	（4%）
發酵奶油（無鹽，摺入用）	115g	（46%）
黑芝麻（過炒）	30g	
伊丹乳酪	30g	

＊大調理盆：直徑30cm不鏽鋼製的調理盆
　中調理盆：直徑21cm耐熱塑膠製的調理盆

〔準備〕

‧夏天氣溫較高，請先將粉類放入冰箱冷藏。

〔揉麵〕 ＊參照P.65

★使用揉麵機則設定7分鐘（最後以手揉合）

1　大調理盆中放入砂糖和牛奶，以小攪拌器混合後，加入蛋和原種拌勻。
2　中調理盆中放入高筋麵粉和鹽，以刮板稍微攪拌後，參照P.65步驟來製作。

〔一次發酵〕 ＊參照P.66

27℃至28℃	6小時

＊發酵至麵團膨脹一圈。

〔摺疊〕 ＊參照P.66

1　請參照P.66的摺疊步驟1、2製作。麵團中央放入奶油夾心層，在上方倒入黑芝麻（圖A），黑芝麻面積比奶油小一圈，讓芝麻不落於奶油外。
2　將麵團的對角線上四角向內摺起（圖B），捏緊接合處作收口。

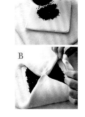

第1次	放入冰箱1小時
第2次	放入冰箱10至24小時（最佳時間為16至18小時）
第3次	放入冰箱1小時

〔成型〕

1　參照P.67的成型步驟1、2來製作，以擀麵棍把麵團擀成長25cm×寬45cm的大小，完成後後靜置鬆弛5分鐘，以刮板裁成長22cm×寬44cm，完成後靜置鬆弛5至10分鐘。
2　最左端留下2cm寬的空間，中央的左半邊也撒滿伊丹乳酪，以手平均攤開（圖A）。
3　在最左端以烘焙用毛刷刷上水（份量外）（圖B），對摺後緊壓（圖C）。
4　從對摺的摺縫處開始以尺在上面畫上3cm寬的線，再以刮板切8等分的長條。
5　將長條的中央切出一道切口，切至摺縫處1cm以下處，不要切斷（圖E）。
6　將切開的2條麵團，交叉扭轉（圖F）。
7　放入模型中，置於烤盤上（圖G）。
　　＊摺疊的麵團使用了很多奶油，所以模型不需另外上油。

〔最終發酵〕 ＊參照P.17

27℃至28℃	120分鐘

＊發酵至麵糰膨脹一圈即可。

〔烘焙〕 ＊烤箱預熱至220℃至230℃。

200℃	17分鐘

放入預熱好的烤箱烘烤，出爐後從模型中取出，靜置於涼架上冷卻。

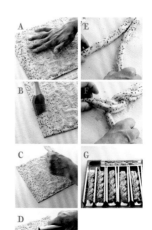

午夜の史多倫

依自己的喜好放入滿滿的水果乾、堅果、巧克力，
作出豪華且富有大人味的史多倫，烘焙出像洋菓子般鬆軟酥脆的口感，
品嚐出手作烘焙的成就感和滿心喜悅。

"Stollen de minuit" au chocolat et aux fruits secs

材料〈3個份〉　　　　　　　◆（　）：烘焙比例

高筋麵粉（日根江別製粉）	125g	（50%）
低筋麵粉（dolce）	100g	（40%）
VALRHONA巧克力粉	25g	（10%）
肉桂粉	3g	（1.2%）
鹽	2g	（1%）
肉荳蔻		少許
蜂蜜	20g	（8%）
鮮奶油（乳脂肪含量36%）	83g	（33%）
原種	113g	（45%）
發酵奶油（無鹽）	113g	（45%）
杏仁粉	50g	（20%）
VALRHONA Grue de Cacao（可可碎粒）	30g	（12%）
A 蘭姆酒漬葡萄乾	75g	（30%）
杏桃乾	50g	（20%）
柳橙皮	25g	（10%）
VALRHONA fèves pure caraibe（苦甜巧克力）	50g	（20%）
核桃	50g	（20%）
開心果（新鮮去皮）	13g	（5%）
杏仁（整顆）	25g	（10%）
B 紅酒漬白無花果		2.5個
紅酒漬黑無花果		4.5個
烘烤前使用的奶油（無鹽）		120g
糖粉（含寡糖）		適量
蘭姆酒		適量

＊大調理盆：直徑30cm不鏽鋼製的調理盆
　中調理盆：直徑21cm耐熱塑膠製的調理盆

{ 準備 }

・發酵奶油切丁成1cm大小，放入冰箱冷藏。

・A的杏桃乾切成4塊。

・柳橙皮水洗過後切成丁3mm至5mm的大小。

　・巧克力切成4塊。

・核桃、開心果和杏仁放入150℃的烤箱烘烤，
　核桃剁碎備用。

・B的白無花果切成4塊，黑無花果切半。

→
接續P.76

{ 揉麵 }

★使用揉麵機
則設定8分鐘
（加入配料前）

1

2

3

4

大調理盆放入高筋麵粉、低筋麵粉、可可粉、肉桂粉、鹽和肉荳蔻，以刮板慢慢拌勻。

中調理盆放入蜂蜜和鮮奶油，以小攪拌器攪拌至蜂蜜溶解後，加入原種拌勻。

在1裡加入冰過的奶油，以刮板用力攪拌，再以手指把結塊的奶油揉開和粉類混合均勻。

5

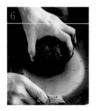
6

7

8

9

混合均勻後加入杏仁粉攪拌後，再加入2，以刮板攪拌讓粉類吸收水份。

攪拌至麵團慢慢集中後，加入可可碎粒，用力下壓揉麵，揉至成團。

取出麵團置於平檯上接續揉麵動作，待奶油融入麵團後，以掌心按壓成跟手掌大的圓形。

將半量的A材料放在麵團上半部，將堅果、巧克力、水果乾和葡萄乾依序撒上後，以手輕輕將材料壓入麵團表面。

以刮板橫向的對半切成半圓，重疊上放滿材料的麵團上方。

10

11

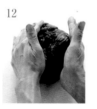
12

13

14

將剩餘材料的一半量以同樣的方法，撒在半圓麵團的一半面積上，以刮板縱向對切，再將¼圓麵團重疊在放有材料的麵團上，疊成4層。

把剩餘的材料全部撒上。

拉起三角弧形麵團的二端包住材料，最後拉起第三端將材料完全包覆。

以刮板鏟起翻面滾圓後，集中至底部捏緊作收口。

收口朝下放入塑膠袋。

{ 一次發酵 }

冷藏庫（5℃）	12至18小時
室溫（20℃以下）	1小時

→

{ 分割 } ＊參照P.16

將麵團放射狀分割成3等分，約315g／個。
＊因麵團內餡集中堅硬，因此不用刮板，改使用菜刀作切割。

{ 醒麵 }

＊不需醒麵。

＊但麵團經過冷藏難以成型時，請靜置於20℃以下之處，10至20分鐘。

★請在20℃以下的涼爽處進行。

1

為了使麵團容易延展，先把較大的餡取出，重新滾圓。

2

收口朝上，以手掌壓平，再來以桿麵棍擀成縱向18cm×向14cm的橢圓，如過露出較大的餡也請先取出，取出後的孔洞再以麵團填平，擀麵同時塑型，在麵團上方1.5cm處，以手指壓出凹槽。

3

再以擀麵棍在麵團中央出一道向凹槽，在這個凹槽裡放入將取出來的餡料連同材料B一起放入。

4

5

6

以無花果位置為基準，朝著3的凹槽對摺成2層。

7

以手指捏緊接合處作收口，再輕壓麵團塑型。

8

三個麵團的收口相對，放在鋪好烘焙紙的烤盤上，較容易烤熟。

{烘焙} ＊烤箱預熱至220℃至230℃。

| 200℃ | 40至45分鐘 |

放入預熱好的烤箱烘烤。

{裝飾}

1

2

在鍋裡放入裝飾用奶油後加熱，奶油融化後從火上移開，剛出爐的史多倫麵包，趁熱在表面刷上蘭姆酒後，將史多倫麵包一個個放入奶油鍋中，以另一個烘焙用毛刷塗上融化奶油，放置於附有網子的盤子上，讓多餘的油滴出。

3

4

含有寡糖的糖粉放在盤子上，將烘焙好的史多倫以上下翻面的方式，沾取大量糖粉，再以保鮮膜緊緊包覆史多倫麵包，靜置於20℃以下涼爽處1至3天，使味道融合，食用前以篩子篩上不易溶糖粉。

＊最佳賞味期為第3天，保存方法則是放置20℃以下涼爽處1星期。

* 杏桃乾
非完全乾燥，保留有適當的水分，可以品嚐出杏桃豐富的口感，酸味和甜味非常對味。

* VALRHONA fèves pure caraibe （苦甜巧克力）
法國VALRHONA出品的鈕釦狀苦甜巧克力，可可成分66.5%，擁有特殊的堅果焦香，微苦和甜味融合成極佳的風味。

草莓酵母液的培養法

使用當令的草莓,試試以草莓酵母製作麵包吧!
首先製作草莓酵母液,選用鮮紅且熟透的草莓,草莓和水的比是1:1至1.5,
稍濃一點的比例較容易發酵,使風味更佳。保存期限比葡萄乾酵母液短,請在1至2天內使用完畢。
以草莓酵母作麵包時,與草莓酵母液一起使用,使麵包帶有淺淺的粉紅色,也能品嚐出草莓香甜風味。

草莓酵母液起種

材料

草莓(成熟草莓)	100至150g
水(過濾水)	100至150g
	(能完全浸泡草莓的量即可)
2號砂糖	1小匙

＊草莓去蒂,以乾淨流水洗過後使用。

第1天

混合 　　　　　　　　　　　　　　　　　　搖勻

將瓶子放在電子秤上,放入水洗過的草莓,再加入可完全浸泡草莓的水。(電子秤請歸零後測量)

加入2號砂糖,亦可以砂糖或上白糖替代。

瓶蓋鎖緊,上下搖晃十次左右使材料融合,靜置於27℃至28℃溫暖處。

✳ 草莓原種的作法

草莓酵母液保存時間較短，起種完成馬上接續製作原種，原種的製作法請參照P.10至P.11，以草莓酵母液代替葡萄乾酵母液來製作。揉麵時也會加入些許草莓酵母液，因此一瓶草莓酵母液，可在製作麵包時一次使用完畢。

＊草莓酵母原種和葡萄乾酵母原種的發酵情形完全相同，可直接參照P.8至P.11製作。

完成的量
多於100g → 一次就用完的量

第2天　　3至5天　完成！

第1天的狀態　　　　　　　　　　由側面觀察的狀態　由上方觀察的狀態

 →  →

水呈透明的，沒有任何變化。

草莓開始褪色，水也開始染上淺淺的粉紅，一天一次將瓶上下搖晃後，打開瓶蓋讓空氣散出。

草莓褪掉大部分的顏色，水變成粉紅色，底部有沉澱物，打開瓶蓋後不斷有小氣泡冒出，並散發出水果發酵的氣味，即表示草莓酵母液發酵完成。

草莓酵母の櫻花馬芬

以草莓酵母來製作相當受歡迎的馬芬麵包，散發出草莓迷人的香甜風味，
裝飾上鹽漬櫻花，更洋溢著浪漫的粉紅氣息，
拿來當待客的茶點心也非常受歡迎喔！

Sakura muffin, fermenté à la fraise

材料〈直徑8.5cm×高5cm的圓形模5個〉

◆（　）：烘焙比例

高筋麵粉（日本江別製粉）	121g（45%）
低筋麵粉（dolce）	149g（55%）
鹽	2g（1%）
蜂蜜	16g（6%）
草莓酵母液	54g（20%）
牛奶	16g（6%）
原種	122g（45%）
奶油（無鹽）	21g（8%）
草莓	27g（10%）
鹽漬櫻花	20片
手粉（高筋麵粉）	適量
粳米粉	適量

＊大調理盆：直徑30cm不鏽鋼製的調理盆
　中調理盆：直徑21cm耐熱塑膠製的調理盆

〔準備〕

・草莓去蒂，粗切成碎果肉。
・鹽漬櫻花以溫水洗過，在以廚房紙巾仔細將水分擦乾。
・粳米粉放入調理盆。
・將圓形模放在鋪好烘焙紙的烤盤上。

〔揉麵〕　＊參照P.16　★使用揉麵機時14分鐘

1　大調理盆放入高筋麵粉、低筋麵粉和鹽。
2　中調理盆放入蜂蜜、草莓酵母液和牛奶，以小攪拌器混合後，加入原種拌勻，中途加入奶油和碎草莓，揉入麵團中。

〔一次發酵〕　＊參照P.15

27℃至28℃	5至6小時	→翻麵→

27℃至28℃	2小時

〔分割〕　＊參照P.16

分成5等分，約105g／個。

〔醒麵〕　＊參照P.16　★冬天使用發酵器

20℃至25℃	20分鐘

〔成型〕

1　麵團滾圓後，以手指捏緊底部作收口（圖A）。
2　麵團表面沾上粳米粉（圖B），收口朝下放入模型中（圖C・D）。

〔最終發酵〕　＊參照P.17

27℃至28℃	30至40分鐘

＊麵團發酵至變大一圈即可。

〔烘烤〕　＊烤箱預熱至220℃。

200℃	11分鐘

1　使用4朵鹽漬櫻花（一個麵團份），花瓣朝下插入模型側面與麵團的縫隙裡中（圖E）。
2　麵團表面撒上粳米粉，模型上方覆蓋烘焙紙後，再放上一個烤盤。
3　放入預熱好的烤箱烘烤，脫模後放置於涼架上冷卻。

草莓酵母の法式雙胞胎麵包

使用100%高筋麵粉製作的雙胞胎麵包，口感較有嚼勁，
為櫻花馬芬的變化款，以不同的配方和成型法，作出完全不同的美味。
雙胞胎中間裂縫稍大一點，經過烘烤會使裂紋更加美麗。

Fendu fermenté à la fraise

材料〈7個份〉

◆（　）：烘焙比例

高筋麵粉（日本江別製粉）	250g（100%）
鹽	2g（1%）
蜂蜜	13g（5%）
草莓酵母液	50g（20%）
牛奶	15g（6%）
原種	113g（45%）
奶油（無鹽）	25g（10%）
草莓	25g（10%）
手粉（高筋麵粉）	適量
粳米粉	適量

＊大調理盆＝直徑30cm不鏽鋼製的調理盆
　中調理盆＝直徑21cm耐熱塑膠製的調理盆

{ 準備 }

・草莓去蒂，粗切成碎果肉。

{ 揉麵 }　＊參照P.16　★使用揉麵機則設定13分鐘

1　大調理盆放入高筋麵粉和鹽。
2　中調理盆放入蜂蜜、草莓酵母液和牛奶，以小攪拌器混合至蜂蜜溶解後，加入原種拌勻，中途加入奶油和碎草莓，揉入麵團中。

{ 一次發酵 }　＊參照P.15

27℃至28℃	5至6小時	→翻麵→
27℃至28℃	2小時	

{ 分割 }　＊參照P.16

分成5等分，約70g／個。

{ 醒麵 }　＊參照P.16　★冬天使用發酵器

20℃至25℃	20分鐘

{ 成型 }

1　麵團滾圓後，以手指捏緊底部作收口（圖A）。
　　收口朝下，放置於平檯上，麵團表面撒上粳米粉（圖B）。
2　以細的擀麵棍（或較粗的筷子）從麵團中央薄薄的延展
3　開來，這時候延展至2cm至3cm寬，烘焙出來的成品會更漂亮。
4　放在鋪好烘焙紙的烤盤上，以手指按壓中間較薄處使之與烤盤密合（圖D・E）。

{ 最終發酵 }　＊參照P.17

27℃至28℃	30至40分鐘

＊發酵至麵團膨脹一圈即可。

{ 烘烤 }　＊烤箱預熱至220℃。

200℃	9至10分鐘

在麵團表面撒上粳米粉，放入預熱好的烤箱烘烤，出爐後放置於涼架上冷卻。

INGREDIENTS 材料

1. **鮮奶油** 乳脂肪含量36%的鮮奶油。

2. **發酵奶油**（無鹽） 在奶油中添加乳酸菌發酵製成，有些許的酸味和濃郁的香味。

3. **奶油**（無鹽） 使用無鹽的奶油。

4. **低筋麵粉**（dolce／江別製粉·北海道產） 與高筋麵粉混合使用，可作出麵包的輕盈口感，本書用於甜甜圈、維也納葡萄麵包、咖啡方塊和芥末子麵包。

5. **高筋麵粉**（TYPE ER／江別製粉·北海道產） 保有小麥本身味道和香氣，適合自製酵母或是烘焙硬麵包時使用，本書用於卡列麵包、可頌麵包等等。

6. **粳米粉** 以米磨成粉狀製成，顆粒細又乾爽，通常撒在較黏的麵團上，本書用於櫻花紅豆麵包、櫻花馬芬等等裝飾粉。

7. **2號砂糖** 由甘蔗製成，為粗粒淺咖啡色砂糖，富含維他命和礦物質，味香醇厚，擁有層次且柔和的甜度，適合烘焙酵母麵包使用。

8. **全粒粉**（江別製粉·北海道產） 包留小麥表皮和胚芽，細磨成粉，富含礦物質和食物纖維，和高筋麵粉混合使用，烘焙出爽脆的口感，也可嘗到樸實的麵粉風味。

9. **石磨全粒粉**（江別製粉·北海道產） 整顆小麥以石臼慢慢研磨而成，可以嘗到小麥獨特香味和酸味，本書用於歐蕾麵包和可頌。

10. **石磨裸麥粉**（中粒／北海道產） 以石臼慢慢研磨成偏咖啡色的粉末，帶有些微甜味和酸味，製作豆子麵包時和高筋麵粉一起使用，也可使用一般的粗磨裸麥粉。

11. **高筋麵粉**（江別製粉·北海道產） 為本書所有麵包的基本用粉，可烘焙出富有彈性且香甜的麵包，在日本產的麵粉之中蛋白質含量較高，且容易操作的品牌高筋麵粉。

＊本書使用的材料，可於富澤商店（http://www.tomizawa.co.jp／）、CUOCA（http://www.cuoca.com／）、樂天市場（http://www.rakuten.co.jp／）等網路購物中心購買。

1. **調理盆** 直徑30cm的不鏽鋼製大調理盆，測量重量或揉麵時使用；直徑21cm的耐熱塑膠製中調理盆則為混合液體、原種和麵團發酵時使用。

2. **不鏽鋼製刮板** 分割麵團時使用，不鏽鋼製操作容易。

3. **刮板** 混合材料、分割麵團、取出調理盆中的麵團時使用。

4. **電子秤** 本書表示的份量很細微，請以最小單位1g的電子秤來測量。

5. **尺** 麵團延展成型測量長寬時使用。

6. **茶濾網** 均勻撒上裝飾用的麵粉、糖粉時使用。

7. **平口量匙** 平又淺量匙用方便使用於攪拌原種。

8. **小攪拌器** 小巧方便，溶解糖份、攪拌材料時使用。

9. **剪刀** 於成型時剪出裝飾紋路時使用。

10. **烘焙用毛刷** 分成動物毛及橡膠製毛刷兩種，動物毛刷用於塗抹蛋液；橡膠製用於塗抹奶油或橄欖油時使用。

11. **擀麵棍（小）** 較一般擀麵棍細小且操作便利，延展較小的麵團時使用，本書用於雙胞胎麵包，也可以較粗的筷子代替。

12. **顆粒擀麵棍** 凹凸不平的表面，可將麵團中發酵產生的空氣的壓出，同時延展麵團，且麵團不易沾黏在棍子上。

13. **擀麵棍（大）** 均勻延展出面積大的麵團，選用直徑4cm×長50cm，稍微有點重量的的擀麵棍，在操作上會更便利。

14. **烘焙紙** 烘烤麵包時，鋪於烤盤或模型上使用。本書使用法國MATFER公司的玻璃纖維經過氟素加工的烘焙紙，可水洗重複使用，既環保又符合經濟效益。

MOLDS 模型

1. 丹麥棒模型（圓底）　長24cm的細長型，烘烤維也納麵包和丹麥麵包時使用。
＊可於樂天網路商店或食材店購買。

2. 1斤型吐司模（附蓋）　內量尺寸長19（17）cm×寬9.5（8.5）cm×高9cm，體積1463cm³的模型，本書使用於卡列麵包。

3. Arutaito方塊模型（附蓋）　量尺寸長6cm×寬6cm×高9cm，本書使用於咖啡方塊。

4. 四角模型　長18cm×寬18cm×高5cm，本書使用於甜點佛卡夏麵包。

5. Arutaito長方形模型（附蓋）　Arutaito指的是在鐵板上以鋁加工的製品。
內量尺寸長25cm×寬6cm×高6cm，本書使用於棒狀麵包系列。
＊可於樂天網路商店或食材店購買。

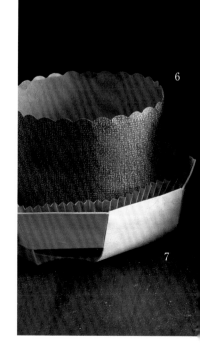

6. 潘妮朵妮紙杯模　直徑10cm×高10cm的紙製模型，烘烤潘妮朵妮時使用。

7. PANIMOULE OCOTORON（附烘焙用矽膠紙）14cm×14cm×高4.5cm白楊木材製成的八角烘焙模型，本書使用於布里歐修麵包。

8. 罐頭空罐　直徑10cm×高12cm，本為盛裝栗子泥的空罐洗淨後使用，本書使用於烘烤幕斯林麵包。

9. 布里歐修模型　直徑6.7cm×低3.7cm×高2cm×花紋10瓣的布里歐修模型，有著可愛的波浪花邊模型，本書使用於布里歐修麵包和芥末子麵包。

10. 咕咕洛夫模型　直徑14cm的咕咕洛夫模型，經矽膠加工方便脫模。

11. 圓形模（2種）　直徑8.5cm的不鏽鋼製圓形模，高3cm使用於黑豆粉紅豆麵包和綜合豆麵包；高5cm則使用於櫻花馬芬。

＊紅豆麵包用模型可於合羽橋的新井商店（TEL:03-3841-2809）購買；馬芬用模型可於馬嶋屋菓子道具店（TEL:03-3844-3850）購買。

烘焙良品 30

從養水果酵母開始，
一次學會究極版老麵×法式甜點麵包30款

沒養過、沒作過，不敗輕鬆學！

....

作　　者／太田幸子
譯　　者／林佳瑩
發 行 人／詹慶和
總 編 輯／蔡麗玲
執行編輯／李佳穎
編　　輯／蔡毓玲‧劉蕙寧‧黃璟安‧陳姿伶‧白宜平
封面設計／周盈汝
美術編輯／陳麗娜‧李盈儀
內頁排版／造　極
出版者／良品文化館
郵政劃撥帳號／18225950
戶名／雅書堂文化事業有限公司
地址／220新北市板橋區板新路206號3樓
電子信箱／elegant.books@msa.hinet.net
電話／(02)8952-4078
傳真／(02)8952-4084

....

2014年06月初版一刷　定價 280元

....

JIKASEI KOBO DE TSUKURU ONE-RANK UE NO SWEETS-KEI PAN by
Sachiko Ohta

Copyright © 2013 Sachiko Ohta

All rights reserved.

Original Japanese edition published by SHUFU-TO-SEIKATSU SHA LTD.,
Tokyo.

Complex Chinese edition copyright © 20　by Elegant Books Cultural
Enterprise Co., Ltd.

This Complex Chinese language edition is published by arrangement with
SHUFU-TO-SEIKATSU SHA LTD., Tokyo in care of Tuttle-Mori Agency, Inc.,
Tokyo

through Keio Cultural Enterprise Co., Ltd., New Taipei City, Taiwan.

....

總經銷／朝日文化事業有限公司
進退貨地址／235新北市中和區橋安街15巷1號7樓
電話／(02) 2249-7714　傳真／(02) 2249-8715

....

國家圖書館出版品預行編目(CIP)資料

從養水果酵母開始，一次學會究極版老麵×法式甜點
麵包30款：沒養過、沒作過，不敗輕鬆學！／太田幸子
著；林佳瑩譯. -- 初版. -- 新北市：良品文化館出版：
雅書堂文化發行, 2014.06
　面；　公分. -- (烘焙良品；30)
ISBN 978-986-5724-11-5(平裝)
1.點心食譜 2.麵包
427.16　　　　　　　　　　　　　103007801

STAFF

美術監製、設計／天野美保子
攝影／野口健志
採訪／渋江妙子
造型／中里真理子
調理助手／正伯和美、小林美納子、
松島ゆうこ、結城なお子、西川郁美
校閱／滄流社
企劃、編輯／菊池香理

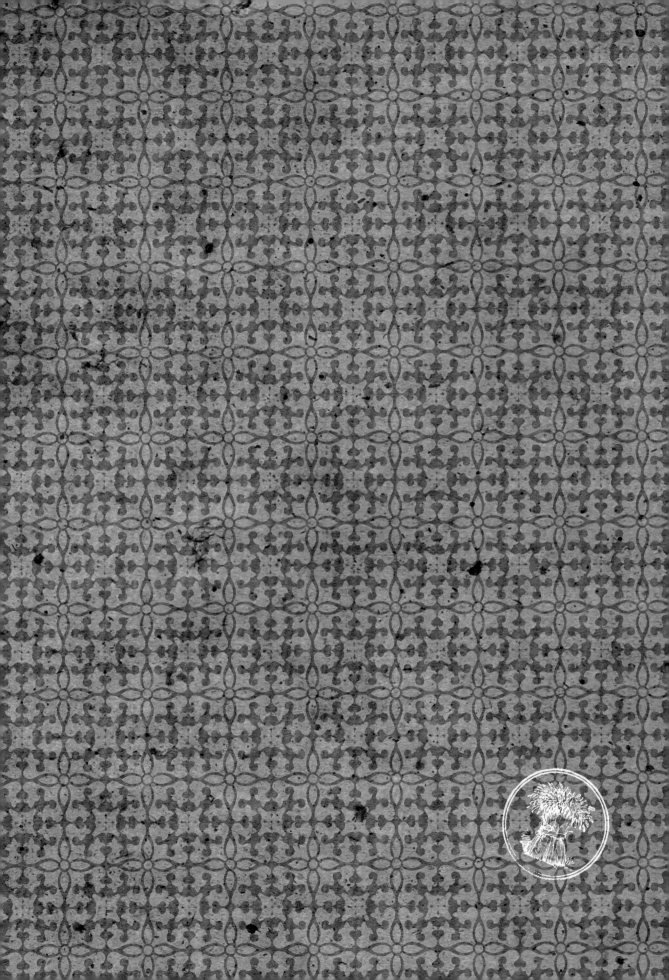

自製天然酵母作麵包

彷彿來到南法莊園，
質樸、自然、香甜，享受吃的幸福感。

烘焙良品 05
《自製天然酵母作麵包》

太田幸子◎著
定價：280 元

鹹味點心

鹹點心誘人的層次口感，

舞動你的味蕾……

烘焙良品 03

《清爽不膩口鹹味點心》

熊本真由美◎著
定價：300 元

牛奶冰淇淋

自製冰淇淋の濃・醇・香，
嚐一口清涼一夏！

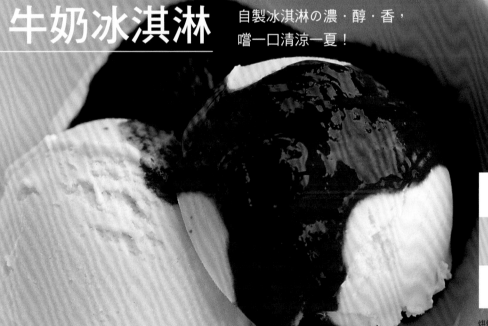

烘焙良品 04

《自己作濃・醇・香牛奶冰淇淋》

島本 薫◎著
定價：240 元

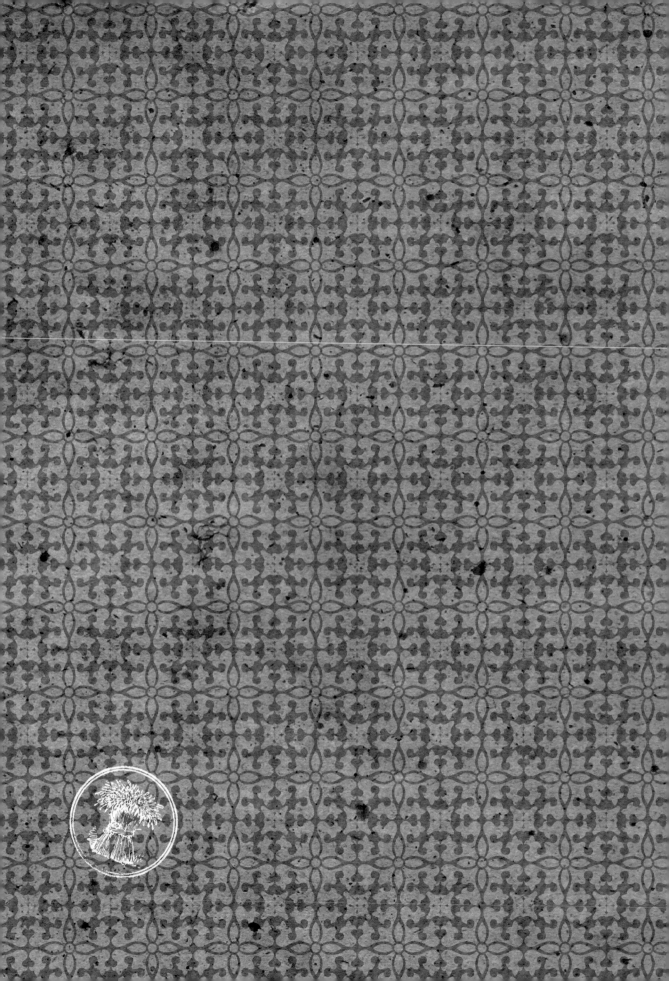